Benzoësäure,

Carbolsäure, Salicylsäure, Zimmetsäure.

Vergleichende Versuche

zur

Feststellung des Werthes der Salicylsäure

als

Desinfectionsmittel,

in's Besondere als Pilz- und Hefengift,

sowie zur

Begründung einer Desinfectionstheorie.

Für Aerzte, Apotheker, Wein- und Bierproducenten, Droguisten,

ausgeführt und beschrieben

von

Professor Dr. H. Fleck,

K. sächs. Hofrath und Vorstand der Königl. chemischen Centralstelle für öffentliche Gesundheitspflege in Dresden.

MÜNCHEN.

Druck und Verlag von R. Oldenbourg.

1875.

Herrn Ober-Medicinalrath

Professor Dr. Max v. Pettenkofer

in München

aus Freundschaft und Verehrung

gewidmet

vom Verfasser.

Inhalt.

Einleitung als Vorwort.

In dem ersten Jahresbericht der Königlichen chemischen Centralstelle für öffentliche Gesundheitspflege in Dresden (1872)
hat der Verfasser Dieses eine kurze Abhandlung: „Ueber
Desinfection und insbesondere über Bestimmung der relativen
Wirkungswerthe von Desinfectionsmitteln" veröffentlicht, welche
mit folgenden Sätzen beginnt:

„Ueber kaum ein anderes Thema der öffentlichen Gesundheitspflege gehen die Ansichten der Männer der Wissenschaft
und der Fachmänner soweit auseinander, als über das Wesen,
über Zweck und Folgen, über Methoden und Mittel der Desinfection. Die Speculation tritt als Vertheidiger oft völlig
unhaltbarer Ansichten in die Schranken, und materielles Privat-
interesse ist in sehr vielen Fällen die Haupttriebfeder für die
Einführung des einen oder anderen Desinfectionsmittels geworden. Ein wesentlicher Grund für diese Zustände liegt in
dem fühlbaren Mangel einer vollständigen, wissenschaftlichen

Erklärung der Ursachen und des Wesens der Fäulniss oder
Gährung in ihrem verschiedenen Auftreten, und die Bestre-
bungen der neueren Wissenschaft, die Fäulnissursachen *nur*
in der Thätigkeit mikroskopischer Gebilde zu suchen und den
Verlauf der Zersetzung organischer Stoffe *nur* auf den Einfluss
verschiedener Pilzarten zurückzuführen, ist vollständig dazu
angethan, uns von dem Ziele möglichst weit zu entfernen.

Wollen wir aber zur Erklärung gewisser Krankheitszustände, oder Fäulnissprocesse und Gährungserscheinungen im
engeren Sinne, die Existenz von Pilzsporen und ihrer Abkömmlinge adoptiren, so müssen wir gleichzeitig denselben ein
Abhängigkeitsverhältniss zu dem Boden, auf welchem sie
wachsen, zugestehen. Es ist wenigstens bis jetzt noch kein
organisches Wesen gefunden worden, welches sich dieser Be-
dingung, der *Nothwendigkeit eines Nahrungsherdes*, entäussern
konnte, und die Welt im Grossen, wie im Kleinen, zeigt uns
täglich, dass das Individuum sich nicht seinen Boden erzeu-
gen, sondern ihn nur zu seiner Erhaltung ausnutzen kann.
Stellen wir daher die Pilze als Vermittler, ja sogar als Beförderer eines Fäulniss- oder Gährungsvorganges hin, so wird
immerhin deren Existenz eine von den letzteren abhängige
bleiben und zum Erlöschen kommen, sobald wir den Boden,
auf dem der Pilz gedeiht, vernichten, *oder die darauf gebotene Nahrung zu seinem Nachtheil verändern.*

Krankheitsformen, Fäulnissprocesse, Gährungserscheinungen werden durch Tödtung der in ihrem Verlauf auftretenden
Pilze und Hefenmassen möglicherweise aufgehalten, sie werden
aber nicht aufgehoben, weil ja die Umgebung immer neue

Pilzsporen zur Bepflanzung eines Infectionsherdes liefern könnte. Entziehen wir aber denselben den Boden, auf welchem sie gedeihen und durch ihre Fortpflanzung die Zersetzungserscheinungen mechanisch oder chemisch verbreiten helfen, so wird ihre Existenz schon in der Vernichtung der Ernährungsfähigkeit, welche durch den Boden bedingt war, unmöglich werden.

Die Frage: *warum wird desinficirt?* ist demzufolge nur unvollständig beantwortet, wenn man sagt: um die Pilze und deren Abkömmlinge zu tödten. Richtiger lautet die Antwort: *um die Zersetzung organischer Stoffe, durch welche die Existenz und die Lebensform gewisser organisirter Gebilde gleichzeitig bedingt war, aufzuheben!*

Die Vernichtung der Gährungs- oder Fäulnissherde ist demnach die wichtigste und richtigste Aufgabe der Desinfection und die Verfolgung dieses Zieles bedingt sodann die Wahl der Mittel, mit welchen wir desinficiren müssen." —

Als der Verfasser vor drei Jahren das Vorstehende niederschrieb, erwartete er nicht, dass nach diesem Zeitraume es nothwendig sein würde, mit den hier entwickelten Ansichten nochmals hervorzutreten, um sie experimentell zu begründen und zugleich den Wirkungswerth eines Epoche machenden Desinfectionsmittels, als welches die Salicylsäure zur Zeit angesehen wird, zur wissenschaftlichen Erörterung zu ziehen.

Die Berechtigung zu diesem Vorgehen findet aber der Verfasser in seiner derzeitigen Stellung als Vorstand der oben genannten Staatsanstalt, als welcher es ihm eine Verpflichtung erschien, auch hier alle in die Hygieine einschla-

gende Fragen *auf chemischem Gebiete* zur Beantwortung zu
ziehen, ohne deshalb den hohen wissenschaftlichen Werth,
welchen die Synthese der Salicylsäure durch Professor Kolbe's
geistvolle Arbeit erlangt, im Geringsten schmälern oder dessen
Priorität in der Einführung der Salicylsäure als Desinfectionsmittel in Frage stellen zu wollen.

„Die früher wohl als Balsamicum bei chronischen Bronchial-
katarrhen, auch gegen Harnincontinenz zu 0,05 bis 0,12 Gramm
empfohlene Benzoë dient jetzt nur zu Räucherungen bei Affectionen
der Respirationsorgane für sich, meist aber des Wohlgeruches halber,
ferner zu gewissen gegen Sommersprossen und Mitesser benutzten
Schönheitswässern und zu Darstellung der bei Verbrennungen und
wunden Brustwarzen aufgepinselten Tinctura Benzoës, sowie der
Tinctura Benzoës composita." Die Benzoëtinctur findet bei der
Anfertigung des englischen Pflasters zum Bestreichen des dazu ver-
wendeten Seidentaffet reichliche Verwendung.

Mit Bekanntmachung der Synthese der Salicylsäure (Journal
für practische Chemie. 1874. pag. 89.) tritt Kolbe zum ersten Male
mit deren Verwendbarkeit als Antisepticum in die Oeffentlichkeit
und leitet die hierauf bezüglichen Arbeiten mit den Worten ein:

„Die Erfahrung, dass die Salicylsäure sich aus Carbolsäure und
Kohlensäure leicht zusammensetzen lässt und die bekannte Eigenschaft
derselben, sich beim Erhitzen über den Siedepunkt in Carbolsäure und
Kohlensäure zu spalten, liessen mich vermuthen, dass sie ähnlich der
Carbolsäure Gährungs- und Fäulnissprocesse aufhält oder ganz verhindert und dass sie überhaupt antiseptisch wirkt. In dieser Richtung theils
von mir selbst theils von Professor Thiersch hierselbst angestellte Versuche haben zu merkwürdigen Ergebnissen geführt, durch welche meine
Vermuthung von den antiseptischen Eigenschaften der Salicylsäure
eine überraschende Bestätigung erfahren hat."

In der That addirt sich nach der atomistischen Formel: *)

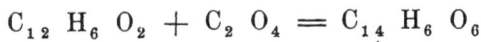

$$C_{12} H_6 O_2 + C_2 O_4 = C_{14} H_6 O_6$$

die Salicylsäure aus der Carbolsäure und Kohlensäure, von welcher
ersteren Verbindung die Salicylsäure 62,66 Proc. enthält.

***

*) Aus Rücksicht auf die Leser aus älterer Schule sind hier die Berzelius'-
schen Atomwerthe beibehalten worden, welche sich die Anhänger der neueren
Anschauungsweise leicht in das Moderne übersetzen können.

Wollte man daher in der Salicylsäure die Kohlensäure als indifferent für Desinfectionszwecke betrachten, so würde die Salicylsäure zu 62²/₃ Proc. den Wirkungswerth der Carbolsäure repräsentiren.

In der Benzoësäure, welche sich unter Umständen in Benzin (Phenyl - Wasserstoff) und Kohlensäure oder in Carbolsäure und Kohlenoxyd zerlegen lässt, und daher aus diesen Verbindungen zusammengesetzt betrachtet werden kann, addiren sich die atomistischen Formeln:

$$C_{12} H_6 O_2 + C_2 O_2 = C_{14} H_6 O_4$$

Der Carbolsäuregehalt der Benzoesäure gestaltet sich hiernach zu 83,93 Proc., also um 21 Proc. höher, als derjenige der Salicylsäure und *es war somit Grund genug vorhanden, anzunehmen, dass, diesem Mehr an Carbolsäure entsprechend der Wirkungswerth der Benzoësäure als Antisepticum ein höherer, wenigstens nicht geringerer als derjenige der Salicylsäure sein könne.*

Es lag daher die Verwerthbarkeit der Benzoësäure, als des hervorragend wirksamen Bestandtheiles der Benzoë, in allen den Fällen, für welche die Salicylsäure in neuester Zeit empfohlen oder angewendet wurde, sehr nahe und berechtigte zu Versuchen, welche, soweit sie vom Verfasser Dieses angestellt wurden, folgende Fragen beantworten sollten:

1) Wirkt die Benzoësäure, wie Salicylsäure, beeinträchtigend auf die Reaction des Emulsins oder der Synaptase?

2) In welches Verhältniss stellt sie sich gegenüber den Wirkungen der Salicylsäure oder der Carbolsäure als Gährung vernichtendes, oder verzögerndes Mittel?

3) Ist Benzoësäure, wie Salicylsäure, als Conservirungsmittel leicht faulender oder leicht sich zersetzender Nahrungsmittel zu verwerthen?

Desinfectionsversuche nach Kolbe, Neubauer, Thiersch u. A.

Zur richtigen Würdigung dieser Fragen ist es von Interesse, dieselben an der Hand der bisher mit Salicylsäure angestellten Versuche zu beantworten. Deshalb möge im Nachstehenden ein kurzer Abriss der bis jetzt mit Salicylsäure angestellten Experimente, soweit sie von vorwaltend hygieinischem Interesse sind, Platz finden:

Um zu sehen, ob die Salicylsäure*) die Wirkung verschiedener Fermente zu vernichten oder aufzuhalten im Stande sei, mischte Kolbe zunächst Lösungen von Salicylsäure und Amygdalin in Wasser zu einer Emulsion von süssen Mandeln. Nach Verlauf einer Viertelstunde war bei dieser Mischung nicht der geringste Geruch von Bittermandelöl wahrzunehmen, der in einer gleichen Mischung ohne Salicylsäure sofort eintrat. Hoher Salycilsäuregehalt obigen Gemisches liess selbst nach 24 Stunden keinen Bittermandelgeruch wahrnehmen.

Senfmehl gab mit Wasser eine geruchlose Mischung, wenn demselben zuvor ganz wenig Salicylsäure beigemischt wurde.

Wird eine Lösung von Traubenzucker mit höchstens 1 pro Mille Salicylsäure vermischt, so übt Hefe hernach keine Wirkung mehr aus und bereits in Gährung begriffene Zuckerlösung hört nach Zusatz kleiner Mengen Salicylsäure auf zu gähren.

Vier Glasgefässe, deren jedes mehr als 1 Liter Zuckerlösung enthielt, wurden, nachdem a und b ohne Salicylsäurezusatz mit Hefe gemengt, aber c vor Eintragen der Hefe mit 0,18 Gramm, d mit 1 Gramm Salicylsäure versetzt worden waren, mehrere Tage und Nächte lang auf der Gährungstemperatur erhalten. Hierbei gerieth der Inhalt der Gefässe a und b gleich am ersten Tage in volle Gährung, ebenso, aber in schwächerem Masse, die von c, während sich der Inhalt von d ohne Gasentwicklung vollständig klärte. Nach Zusatz von noch 0,2 Gramm zum gährenden Inhalte des Gefässes c

---

*) Die hier citirten Arbeiten sind in Kolbe's Journal für practische Chemie Band 10 u. 11 enthalten.

hörte die Gährung vollständig auf. Am fünften Tage war in den
ohne Salicylsäure gelassenen Flüssigkeiten a· und b die Gährung
nur noch schwach und bei einem Zusatz von 0,4 Gramm Salicylsäure zu Inhalt von b, blieb dieser sodann ohne Pilzdecke, während
in der gleichen Zeit sich in a reichliche Pilzbildung zeigte.

Ebenso beobachtete Kolbe in mit 1 Kilo Bier gefüllten lose
bedeckten Bechergläsern, zu deren Inhalt 0,2 Gramm, 0,4 Gramm,
0,6 Gramm, 0,8 Gramm und 1 Gramm Salicylsäure gesetzt worden
war, um so später Pilzbildungen, je grösser der Salicylsäuregehalt
war und die Proben, welche 0,8 und 1 Gramm Salicylsäure enthielten, zeigten auf ihrer Oberfläche selbst nach 14 Tagen keine
Pilzvegetation. Das Sauerwerden des Bieres aller Proben bewies
aber, *dass Salicylsäure der Essigbildung und der Entwicklung des
Essigpilzes nicht entgegenwirkt.*

Frische reine Kuhmilch mit 0,04 Proc. Salicylsäure gemischt
gerann 36 Stunden später, als eine gleiche Menge normaler Kuhmilch. Die Milch blieb wohlschmeckend.

Frisch gelassener Harn mit wenig Salicylsäure gemischt, war
am 3. Tage noch klar und frei von Ammoniakgeruch, während un-
vermengter Harn längst in Fäulniss übergegangen war.

Frisch gelegte Hühnereier wurden in einer gesättigten, wässrigen
Lösung von Salicylsäure eine Stunde lang liegen gelassen und, nach-
dem sie an der Luft abgetrocknet, in einer mit Häcksel gefüllten
Kiste aufbewahrt. Am hundertsten Tage nach dem Einlegen der
Eier erwiesen sich zwei dieser Eier, nach deren Oeffnen, völlig gut
erhalten, während gleich alte, nicht mit Salicylsäure conservirte
Eier verdorben erschienen.

Ueber die Verwendbarkeit der Salicylsäure für chirurgische
Zwecke gibt Professor Thiersch sein Gutachten zu gleicher Zeit
dahin ab, dass Salicylsäure auf noch nicht gereinigten Quetschwunden
und auf schorfenden Krebsflächen für sich oder mit Amylum auf-
gestreut, ohne entzündliche Erscheinungen hervorzurufen, die Fäul-
nissgerüche für längere Zeit zerstört.

Die durch Anwendung von Salicylsäurelösung (1 : 300) erzielten günstigen Erfolge bei frischen Wunden berechtigen zu der Hoffnung, dass Salicylsäure die guten Wirkungen, ohne die unangenehmen, der Carbolsäure hat.

Apotheker Julius Müller in Breslau kommt bei seinen Versuchen über die antiseptischen Wirkungen der Salicylsäure zu denen der Carbolsäure, die er in Bezug auf deren Verhalten gegen Harnfermente, Ptyalin, Pepsin anstellte, zu dem Schluss, dass Salicylsäure eine die Gährung und Fäulniss stark hemmende Substanz ist, dass sie die Wirkung der sogenannten unorganisirten Fermente ungleich stärker aufhält als Carbolsäure und glaubt, diess dadurch erklären zu dürfen, dass bei der Salicylsäure die saure Eigenschaft sich dem hemmenden Einflusse der nicht sauer reagirenden Carbolsäure gleichsam addirt; andererseits aber ergibt sich aus Müller's Versuchen, dass die Salicylsäure den in der Luft enthaltenen Keimen bei Aufnahme und Entwicklung einen geringeren Widerstand leistet, als die Carbolsäure.

Aus den unten zu liefernden Resultaten einschlagender Versuchsarbeiten in hiesiger Centralstelle wird sich ergeben, in wie weit diese Schlussfolgerungen als gerechtfertigte anzusehen sind.

Von besonderem Belang für die Verwerthbarkeit der Salicylsäure in der Zymotechnik sind die nun folgenden Versuche Neubauer's *„über die gährungshemmende Wirkung der Salicylsäure."*

Nachdem Neubauer in einer ersten Versuchsreihe festgestellt hatte, dass mit minimaler Menge Weinhefe versetzter Most, in welchem pro Hectoliter 0,55 bis 1,1 Gramm Salicylsäure vorhanden, nach 8 bis 10 Tagen leichte Trübungen zeigte, und sich nach 14 Tagen mit einer faltigen Decke von Kahnpilzen überzogen hatte, während nach Zusätzen von 2,2 bis 11,0 Gramm Salicylsäure auf 1 Hectoliter Most von einer Hefenvermehrung und eintretender Gährung absolut nichts zu bemerken war, sollte eine zweite Versuchsreihe feststellen, wie grosse Hefemengen die Salicylsäure zu tödten oder in ihrer gährungserregenden Kraft aufzuhalten im Stande

sei. Zu diesem Zwecke wurden in 8 Versuchen je 50 Cubiccentimeter Most mit 0,6, 1,2 u. s. f. bis 4,8 Milligramm Salicylsäure
versetzt und hierauf 1 Cubiccentimeter milchig trübe Weinhefe, mit
4,9 Milligramm trocknen Hefenzellen, zugefügt. Die benutzte Weinhefe enthielt überwiegend saccharomyces ellipsoideus und war von
fremden Pilzkeimen frei.

Die bei 20° Cels. Zimmerwärme angestellten Versuche ergaben,
dass während der ohne Salicylsäure gehaltene Most schon nach
48 Stunden in voller Gährung war, die unter bedeutender Hefenvermehrung schnell und normal verlief, die mit 0,6 Milligramm
Salicylsäure versetzte Flüssigkeit nach 48 Stunden nur langsam,
aber anscheinend normal gohr.

Die mit 1,2 und 1,8 Milligramm Salicylsäure versetzten Proben
liessen erst nach 3 Tagen eintretende Gährung erkennen und in
dem mit 2,4 Milligramm Salicylsäure versetzten Moste, war nach
8 Tagen deutliche Gährung eingetreten, bei 3,0 Milligramm Säure,
nach 10 Tagen schwache, bei 3,6 Milligramm nach 15 Tagen starke
Gährung, bei 4,8 Milligramm nach 4 Wochen keine Gährung. Die
zugesetzte Hefe hatte sich bei letzterem Versuche zu Boden gesenkt,
Wachsthum oder Vermehrung war nicht eingetreten und war nicht
die geringste Kohlensäureentwicklung wahrzunehmen. Die in den
Versuchen 1 bis 5 entwickelten Hefenmengen wurden nach 10 Tagen
des Beginnes der Versuche gewogen und ergaben:

1) 1 Hectoliter Most*)   ohne   Salicylsäure Hefenmenge = 490,4 Gramm
2) 1   „   „   + 1,2 Gramm „   „   „   „   = 395,0   „
3) 1   „   „   + 2,4   „   „   „   „   „   = 330,8   „
4) 1   „   „   + 2,6   „   „   „   „   „   = 293,0   „
5) 1   „   „   + 4,8   „   „   „   „   „   = 18,52   „

---

*) Die Neubauer'schen Angaben, auf 1000 Liter berechnet, sind zur Er-
langung von Vergleichungswerthen für spätere Versuche, auf Hectoliter umgerechnet werden.

Die Versuche 6 und 7 wurden erst nach 24 Tagen unterbrochen und lieferten:

6) 1 Hectoliter Most + 6,0 Gramm Salicylsäure: Hefenmenge = 248,8 Gramm

7) 1   „   „   + 7,2 „   „   „   „   „   = 222,4   „

Die dritte Versuchsreihe wurde mit zehnfach geringerer Hefenmenge ausgeführt und hierbei auf 50 Cubiccentimeter Most, unter Anwendung von nur 0,49 Milligr. trockner Hefe 0,7 bis 2,8 Milligr. Salicylsäure verwendet. Während hierbei in dem ohne Salicylsäure gährenden Moste bei gleich geringem Hefezusatz nach 3 Tagen volle Gährung vorhanden war, trat dieselbe bei 0,7 Milligr. Salicylsäurezusatz erst nach 14 Tagen ein.

Die gewachsenen Hefenmengen betrugen

1) 1 Hectoliter Most + 9,8 Gr. trockene Hefe ohne Salicylsäure = 364,8 Gr. Hefe

2) 1   „   „   + 9,8 „   „   „   + 7 Gr. „   = 182,8 „   „

In den übrigen Versuchen war nach 3 Wochen noch keine Gährung bemerkbar.

Neubauer zieht aus diesen Versuchsresultaten folgende Schlüsse:

„Diese Versuche zeigen also unzweideutig, dass die gährungshemmende Kraft der Salicylsäure in einem gewissen Verhältniss zu der Menge der vorhandenen Hefenkeime steht. Die Salicylsäure ist selbst schon in äusserst geringer Menge im Stande, das Wachsen und Vermehren der Hefe bedeutend zu verlangsamen und zu verringern. Allein *soll die Hefe vollständig getödtet werden, so muss sich die Salicylsäuremenge nach der Quantität der vorhandenen Hefenmenge richten.* Die Versuche zeigen aber auch ferner, dass verhältnissmässig sehr geringe Salicylsäuremengen, von etwa 10 Gramm in 1 Hectoliter Most eine Quantität Hefekeime von 9,8 Gramm Trockengewicht pro Hectoliter Most vollständig gährungsunfähig machen. Ueber das Trockengewicht der Hefenkeime, welche in 1 Hectoliter frischen Weinmost enthalten sind, liegen bis jetzt keine Bestimmungen vor, allein ich zweifle sehr, ob die Gesammtmenge der Hefenkeime, welche ja nur an der Oberfläche der Trauben sich befinden und beim Keltern in den Most gelangen, das Trockengewicht von 9,8 Gramm

2*

pro Hectoliter erreicht, so dass sicherlich 10 Gramm Salicylsäure, vielleicht noch viel weniger genügen würden, um in 1 Hectoliter Most die Gährung vollständig zu sistiren."

Diese Voraussetzungen treffen allerdings aus Gründen, die später entwickelt werden sollen, bei den hierorts angestellten Versuchen nicht ein, wo z. B. bei Anwendung von 38 Gramm trockener Hefe pro Hectoliter Gährungsflüssigkeit, selbst *60 Gramm Salicylsäure* oder Carbolsäure, keine Gährungsverminderung bedingten. (s. unten IV. Versuchsreihe.)

Die IV. Reihe der Neubauer'schen Versuche verfolgte den Zweck, die Wirkung der Salicylsäure gegen Schimmelvegetationen kennen zu lernen.

Es wurden dabei 50 Cubiccentimeter klar filtrirter Most mit den Sporen des gemeinen Pinselschimmels (Penicillium glaucum) besäet. 50 Cubiccentimeter desselben Mostes erhielten einen Zusatz von 2,8 Milligramm Salicylsäure und wurden ebenfalls mit Schimmelpilzen reichlich besäet, während eine dritte gleiche Mostmenge, mit gleicher Salicylsäurequantität, keine Aussaat von Schimmelpilzen empfing.

Auf der ersten Probe ohne Salicylsäure hatte sich bereits nach 3 Tagen starke Schimmelrasen gebildet, die am 4. Tage fructificirten; auf der mit 2,8 Milligramm Salicylsäure versetzten Probe kamen die ausgesäeten Sporen nicht zur Entwickelung, dieselben lagen nach mehreren Tagen vergiftet auf der Oberfläche, und auch auf der dritten Probe, ohne Schimmelaussaat, ist keine Spur einer Pilzvegetation zu entdecken.

Neubauer schliesst seine werthvollen Mittheilungen mit folgendem Gutachten:

„Soviel lässt sich aber aus den hier mitgetheilten Versuchen in Verbindung mit den von Kolbe bereits publicirten Resultaten schon jetzt ersehen, dass wir in der Salicylsäure ein Antisepticum von unvergleichlichem Werthe haben. Ohne Geruch und irgend erheblichen Geschmack, dabei nicht giftig, steht sie der Carbolsäure an antiseptischer Kraft kaum nach und wird sich überall da zum

Gebrauche empfehlen, wo sich die Anwendung der Carbolsäure ihres
Geruches, Geschmacks und ihrer giftigen Eigenschaften wegen, von
selbst verbietet, namentlich also zur Conservirung von Nahrungs-
mitteln und Getränken.

Auch in der Weintechnik wird die Salicylsäure, daran ist nicht
zu zweifeln, bald Verwendung finden. Durch ein Ausschwenken der
Fässer mit einer ganz verdünnten Salicylsäurelösung werden diese
gegen jede Schimmelbildung im Innern geschützt. Die lästigen
Trübungen, die in Folge unliebsamer Nachgährungen so häufig im
Wein entstehen, und die bis jetzt nur durch Filtriren oder das be-
liebte Schönen zu entfernen sind, werden verschwinden, sobald man
durch einen geringen Zusatz von Salicylsäure die Hauptursache jener
Trübungen, die Nachgährungen, beseitigt. Endlich werden sich auch
junge Weine auf diese Weise schneller, für das Flaschenlager geeignet, herstellen lassen.

Nachgährungen sind und bleiben eine Calamität für den Wein-
producenten, wie für den Weinhändler; sollte es gelingen sie durch
Salicylsäure zu beseitigen, und ich zweifle keinen Augenblick daran,
so hätte die Weintechnik einen ungeheuren Fortschritt gemacht.
Ebenso steht zu erwarten, ja ist mit Sicherheit anzunehmen, dass
sich sämmtliche Weinkrankheiten, die durch Pilzbildungen eingeleitet
werden, durch Salicylsäurezusatz werden verhindern lassen."

An dieses Neubauer'sche Gutachten reihen sich directe weitere
Mittheilungen „über Wirkungen der Salicylsäure" von H. Kolbe
an, in welchen zunächst dargethan wird, dass Paraoxybenzoësäure
und Oxybenzoësäure, welche in ihrer Zusammensetzung der Salicylsäure gleich sind, deren gährungsverhindernde Wirkungen nicht
theilen.

Unter den hierbei angestellten Versuchen ist die zweite Versuchsreihe für die später anzustellenden Erörterungen von Interesse
und sollen deshalb hier ausführlicher mitgetheilt werden:

„ . . . . Da die Presshefe nicht recht energisch wirkte und
ihre Güte zweifelhaft schien, so habe ich jene Versuche mit frischer

Bierhefe bester Qualität, welche ich der Gefälligkeit des Herrn C. Brünings, Braumeister der hiesigen renommirten Vereinsbierbrauerei, verdanke, wiederholt und weiter ausgeführt. Je 1000 Gramm einer 12 procentigen Zuckerlösung mit käuflichen Traubenzucker bereitet, wurden in geräumigen Bechergläsern mit je 5 Grammen Bierhefe versetzt und gut durchgerührt. Eine dieser Gährungsflüssigkeiten vermischte ich mit 0,25 Gramm Salicylsäure in warm gesättigter, wässriger Lösung, eine zweite mit 0,5 Gramm Paraoxybenzoësäure, eine dritte erhielt keinen weiteren Zusatz. Die drei mit Papier bedeckten Bechergläser wurden in einem Schrank von Eisenblech auf 35⁰ erhitzt und möglichst constant auf dieser Temperatur erhalten.

Nach 6 Stunden war die Zuckerlösung, welcher nur Hefe zugefügt war, in starker perlender Gährung, ebenso die, welche 0,5 Gramm Paraoxybenzoësäure (ungefähr 50 Gramm pro Hectoliter) beigemischt hielt. Die 0,25 Gramm Salicylsäure (25 Gramm pro Hectoliter) enthaltende Mischung befand sich gleichfalls in Gährung, doch war die Gasentwicklung bei Weitem nicht so stark wie in den beiden andern Gefässen.

Die kleine Menge von 0,25 Gramm Salicylsäure reichte demnach nicht hin, um die Wirkung der 5 Gramm Bierhefe auf 120 Gramm gelösten Zuckers ganz aufzuheben. Ich fügte deshalb nach Verlauf von 6 Stunden eine neue Menge Salicylsäure und zwar diessmal 0,1 Gramm hierzu (10 Gramm pro Hectoliter). Diese kleine Vermehrung des Salicylsäuregehaltes bewirkte sichtliche Verringerung der Kohlensäureentwicklung, ohne jedoch die Gährung ganz zu sistiren. Erst als nach weiteren vier Stunden nochmals 0,15 Gramm Salicylsäure, in Lösung, eingerührt waren, hörte die Gährung auf, die Flüssigkeit fing an, sich zu klären, und zeigte andern Tags auf der Oberfläche keine Spur von Schaum. Die Hefe lag wirkungslos auf dem Boden des Gefässes. Die Lösung enthielt noch eine beträchtliche Menge Zucker und schmeckte deutlich süss.

0,5 Gramm Salicylsäure (50 Gramm pro Hectoliter) sind demnach hinreichend, um die durch 5 Gramm Bierhefe bewirkte, in

Fluss befindliche Gährung von 120 Gramm Zucker in 1 Liter Wasser
(12 Kilo Zucker pro Hectoliter) gelöst aufzuheben, während die
gleiche Menge Paraoxybenzoësäure den Gährungsprocess weder auf-
hielt, noch schwächte."

Im weiteren Verlauf seiner Mittheilungen, von welchen wir denjenigen Theil der über die Gährungsversuche mit Gaultheriaöl, Sa-
ligenin und Salicylsäurealdehyd, mit Kresotinsäure, Chlorsalicyl-
säure u. s. w. handelt, als für diese Abhandlung von geringerem
Werthe übergehen, resumirt Kolbe Folgendes:

„Diese wunderbaren Eigenschaften der Salicylsäure, in Verbindung mit dem günstigen Umstande, dass sie keinen Geruch und
wenig Geschmack besitzt und dass sie in ziemlichen Dosen innerlich
genommen werden kann, ohne der Gesundheit zu schaden, wodurch
sie sich in's Besondere vor der Carbolsäure auszeichnet, haben ihr
in kurzer Zeit manche erfolgreiche Anwendung verschafft und sicher
wird man sich ihrer in Zukunft noch zu vielen Zwecken bedienen,
an welche gegenwärtig vielleicht noch gar nicht gedacht wird.

Wie die Salicylsäure zur Haltbarmachung des Weines und auch
des Bieres demnächst *zuverlässig* benutzt werden wird, so gewinnt
sie künftig vielleicht eine Verwendung, um Wasser vor Fäulniss zu
schützen und demselben auf längere Zeit Wohlgeschmack zu er-
theilen . . . . —"

Kurze Zeit nach dieser hier in Auszug mitgetheilten Abhandlung Kolbe's über die Wirkungen der Salicylsäure, — in welcher er
zum Schluss dieselbe auch zur Anfertigung von Zahnwasser, Zahn-
pulver, Streupulver, Fusswasser, als welche Salicyl-Zahn- und Fuss-
mittel bereits seit Beginn dieses Jahres von der Engel-Apotheke in
Leipzig im Handel ausgeboten werden, empfiehlt und zugleich den
Aerzten an's Herz legt, die Salicylsäure in grösseren und kleineren
Dosen bei Scharlach, Diphteritis, Masern, Pocken, Syphilis, Dysen-
terie, Typhus, Cholera, Pyaemie und dem Biss toller Hunde versuchen
zu lassen und den Thierärzten empfiehlt, die Salicylsäure gegen
Milzbrand, Klauenseuche, Rotz etc. an Thieren zu prüfen, — ver-

öffentlicht der practische Arzt Dr. W. Wagner in Friedberg „practische Beobachtungen über die Wirkung der Salicylsäure", deren Resultate er in folgenden Sätzen zusammenfasst:

„Als Resumé dieser allerdings nur geringen Summe von Erfahrungen, die ich überhaupt noch nicht veröffentlicht haben würde, wenn ich nicht wünschte, dadurch zu weiteren Versuchen anzuregen, ergibt sich kurz Folgendes:

1) Die Salicylsäure ersetzt als Desinfectionsmittel beim Verbande frischer Wunden sowohl, als älterer Geschwüre die Carbolsäure vollkommen.

2) Bei venerischen Geschwüren scheint eine desinficirende Wirkung nicht zu genügen, sondern noch eine corrodirende nothwendig zu sein.

3) Bei den nässenden Kopf- und Gesichtseczemen wirkt die Salicylsäure ausserordentlich günstig, vermuthlich weil sie sehr rasch die Träger des Contagiums zerstört.

4) Bei allen Zersetzungsprocessen der Magen- und Darmcontenta wirkt die Salicylsäure günstiger als jedes andere innerlich gegebene Desinfectionsmittel, da keines derselben in so grossen Dosen vertragen wird.

5) Versuchenswerth ist der Gebrauch der Salicylsäure in allen Krankheitsfällen, in denen wir annehmen dürfen, dass dieselben durch kleinste Organismen erregt werden. Hier könnte sie sogar als Prophylacticum in Betracht kommen.

Bei der Diphteritis scheint sie nicht blos eine grosse Heilkraft zu entfalten, sondern auch den Verlauf der Krankheit wesentlich abzukürzen . . . ."

Uebereinstimmend mit dieser letzten Mittheilung berichtet Dr. Karl Fontheim, dass seit Anwendung der Salicylsäure bei Diphtherie er die schwersten Erkrankungsfälle in höchstens 8, die leichteren in 2 bis 4 Tagen geheilt habe. Allgemeindiphtherie, diphteritische Nierenentzündung ist ihm seit der Anwendung der Salicylsäure nicht mehr vorgekommen! In einem Falle von Fluor albus, schon verschiedentlich mit den heterogensten Mitteln behandelt, hat sich die Salicylsäure in überraschendster Weise bewährt, in Form von Injectionen, desgleichen in Salbenform bei Trachoma. Vier Fälle von Masern, mit demselben Mittel behandelt, nahmen einen ausserordentlich leichten Verlauf.

Einem daran sich knüpfenden Resumé Kolbe's über Feser's Versuche in Betreff der antiseptischen Wirkung der Salicylsäure an mit putrider Fleisch - Flüssigkeit vergifteten Thieren entnehmen wir folgende Stelle:

„Vorstehende Beobachtungen beweisen zur Genüge, dass die *freie* Salicylsäure eine im hohen Grade antiputrid wirkende Substanz ist, dass sie nicht blos Fäulniss zu verhindern, sondern auch bereits begonnene und fortgeschrittene Fäulniss sofort zu sistiren im Stande ist. Sie ist dabei nicht nur ein desodorisirendes, sondern auch ein wirklich desinficirendes Mittel, denn sie macht die zum Leben der Fäulnissorganismen nöthigen löslichen Eiweisssubstanzen gerinnen; tödtet die Fäulnisserreger und vermindert die Fäulnissproducte."

Vergleichende Versuche mit Lösungen von Salicylsäure, Carbolsäure und von essigsaurer Thonerde wurden von Professor Dr. Zürn angestellt, als er einen Tropfen faulender Flüssigkeit (Wasser aus Macerirfässern) mit einem Tropfen genannter Lösungen zusammenbrachte und unter dem Mikroskop beobachtete, wie mehr oder geringer schnell die Letzteren die in der Flüssigkeit befindlichen Fäulnissorganismen und Infusorien tödteten.

Es ergibt sich hierbei Folgendes:

Lösungen von	essigsaurer Thonerde	Carbolsäure	Salicylsäure
1 : 50	Infusorien und Fäulnissorganismen starben sofort. Eiweiss der Infusorien gerann, Membranen gesprengt.		
1 : 100	Infusorien und Fäulnissorganismen starben sofort. Eiweiss der Infusorien gerann, Membranen gesprengt.		
1 : 300	Infusorien und Fäulnissorganismen starben sofort.		Infusorien u. Spirillen starben n. etwa 3 Min.

Lösungen von	essigsaurer Thonerde	Carbolsäure	Salicylsäure
1 : 500	Infusorien starben nach 1½ Minuten, Spirillen etc. sofort.	Infusorien, Spirillen. Bacterien sofort todt.	Infusorien u. Spirillen leben noch nach einigen Minuten.
1 : 1000	Infusorien nach einigen Minuten, Spirillen sofort todt.	Infusorien, Spirillen, Bacterien sofort todt.	Infusorien u. Spirillen leben noch nach ½ bis 1 Stunde.
1 : 2000	Infusorien u. Spirillen leben noch nach einigen wenigen Minuten.	Infusorien u. Spirillen sofort oder nach wenigen Minuten todt.	Die Organismen leben nach mehreren Stunden noch.

Hieraus scheint hervorzugehen, dass die Carbolsäure am schnellsten Fäulnissorganismen tödtet, ihr an Wirkung zunächst die essigsaure Thonerde steht, während Salicylsäure in schwachen Lösungen nur langsam diese Fäulnissorganismen vernichtet, in stärkeren Lösungen (1:300) aber letztere schnell und gründlich zerstört.

Von hervorragendem Werthe sind die in Volkmann's Sammlungen Klinischer Vorträge" (Ausgegeben Ende März 1875) enthaltenen „klinischen Ergebnisse Lister'schen Wundbehandlung und über den Ersatz der Carbolsäure durch Salicylsäure" von Professor Thiersch.

Dieser sehr umfänglichen Arbeit entnehmen wir folgende Mittheilungen, die von allgemeinem Interesse sind und hier besondere Erwähnung verdienen:

„Soweit die Salicylsäure in Frage kommt, so ist es zum Theil der Zweck genannter Abhandlung zu Versuchen in weiteren Kreisen Veranlassung zu geben. Die antiseptische Wirkung der von mir versuchten Salicylverbände halte ich für ebenso zuverlässig, als die der Lister'schen Carbolverbände. Dabei besitzt die Salicylsäure zwei Vorzüge, sie reizt weniger und ist nicht flüchtig. Sie kann also in grösserer Menge dem Verband einverleibt werden, und kann der Verband länger liegen bleiben, als der Carbolverband, ohne den Erfolg zu gefährden. Dass die Salicylsäure geruchlos ist, wird ihr auch bei Manchem zur Empfehlung dienen . . . . . — Das Salicylwasser d. h. eine Lösung von Salicylsäure in Wasser im Verhältniss von 1 : 300 macht natürlich in Betreff seiner Bereitung keine Schwierigkeiten, anders verhält es sich mit der Salicylwatte, die als 1 procentige und 10 procentige zur Verwendung kommt."

Die hierbei einzuhaltenden Verhältnisse werden, nach der Angabe des Apotheker Blaser in Leipzig in folgender Weise eingehalten:

a) 3 procentige Salicylsäureverbandwatte:
750 Gramm Salicylsäure werden in
7,5 Kilogramm Spiritus von 90° Tralles gelöst mit
150 Liter Wasser von 70—80° Cels. verdünnt
und mit dieser Mischung
25 Kilogramm entfettete Watte getränkt.

6) 10 procentige Salicylsäureverbandwatte:
1 Kilogramm Salicylsäure werden in
10   „   Spiritus von 90° Tralles gelöst, mit
60 Liter Wasser von 70—80° Cels. verdünnt
und mit dieser Mischung
10 Kilogramm entfettete Baumwolle getränkt.

Die Baumwolle wird in horizontalen Lagen von 2—3 Kilogramm in die Lösungen eingesenkt und ebenso nach dem Volltränken der ganzen Masse herausgehoben und in ebener Lage getrocknet, *nicht aufgehängt*, weil sonst eine gleichmässige Vertheilung der Salicylsäure, auf welche es hauptsächlich ankommt, unmöglich wird.

Für die volumetrische Bestimmung der Salicylsäure in Verbandstoffen wird empfohlen, 10 Gramm Salicylsäureverbandwatte mit 0,5 Liter Wasser in einem Kolben unter fleissigen Schütteln zum Sieden zu erhitzen und von der Flüssigkeit 10—20 Cubiccentimeter in ein Becherglas abpipettirt mit durch Alkannatinktur gefärbter Normalnatronlösung zu titriren. 10 Gramm Natronhydrat = 14,05 Gramm Kalihydrat = 34,25 Gramm Salicylsäure.

Im Verlauf seiner Untersuchungen hat *Thiersch* beobachtet, dass die Salicylwatte nicht so gut wie Lister's Carbolmull, die Wundflüssigkeiten hindurchtreten lässt, so dass, wenn der trockene Salicylwattverband 8—14 Tage gelegen hat, zwischen Verband und Wunde angestauter Eiter in verschiedener Menge auftritt. Nach mehrfachen vergeblichen Versuchen mit Hanf, Flachs, Sägespänen u. s. w. wurde die Aufmerksamkeit auf Jute gelenkt. Dieser Stoff, auch arracanischer Hanf genannt, ist die Bastfaser verschiedener Species Corchorus, namentlich Corchorus capsularis, welche in Bengalen cultivirt wird und findet zur Anfertigung grober Matten oder Decken etc. Verwendung. Diese mit Wasser verarbeitete Jute wurde in folgender Weise für Verbandzwecke vorbereitet:

    2,5 Kilogramm Jute wurden eingetragen in eine Lösung von
    75 Gramm Salicylsäure
600   „   Glycerin
4,5 Liter Wasser,

nachdem die Lösung auf 70—80° Cels. erwärmt war.

Auf diese Weise erhielt man nach dem Trocknen der imprägnirten Jute einen wenig stäubenden, weichen, geschmeidigen, dem Flachs ähnlichen Verbandstoff, welcher dickflüssigen Eiter bei neuntägigem Liegen des Verbandes vollständig in sich aufnahm und zur gleichmässigen Vertheilung brachte. Dabei war der Verband geruchlos und zeigte mit Eisenchlorid überall die Reaction auf Salicylsäure.

Thiersch glaubt, dass für alle grossen Verbände Jute die Watte, obgleich letztere weicher und zarter, verdrängen wird.

Zugleich zeichnet sich dieser Verband durch grössere Billigkeit aus.

Ob man Sprühnebel mit Carbolsäure 1:20 oder Salicylsäurewasser 1:300 veranstaltet, hält Thiersch nicht für besonders wichtig. Manche geben der Carbolsäure den Vorzug, weil sie nicht zu Husten und Niesen reizt und durch Verdunsten wieder vollständig aus den Kleidern entweicht, Thiersch zieht Salicylsäure vor, weil sie die Wunden weniger reizt.

Dasselbe gilt zur Desinfection der Operationsgegend und der
bei der Operation beschäftigten Hände. Dagegen eignet sich Salicylsäure *nicht zu Desinfection der Instrumente*, wegen eintretender
Rostbildung." —

Verfasser Dieses hielt die Mittheilung des Vorstehenden darum
von Werth, weil alles über die Salicylsäure Gesagte sich auch auf
Benzoësäure übertragen lassen dürfte, nur dass, in Anbetracht der
weit intensiveren antiseptischen Wirkungen der Letzteren, als Benzoë-
säurewasser das Verhältniss von 1:500—600 ganz gleiche Erfolge
wie das Salicylwasser von obiger Zusammensetzung erwarten lässt.

Der zufälligen Anwesenheit des königl. Bezirksphysikus von
Breslau, Herrn Dr. Hirt, verdankt der Verfasser die Mittheilung,
dass in dem Krankenhause zu Breslau die Carbolsäure innerlich bei
diabetes mellitus insofern mit Erfolg angewendet werde, als nach dem
Genuss dieses Mittels der Zuckergehalt des Harns sofort verschwinde,
aber wieder auftrete, sobald die Anwendung der Carbolsäure auf-
höre. Es dürfte des Versuches lohnen, ob Salicylsäure oder Benzoësäure nicht durch ähnliche und vielleicht günstigere Wirkungsweise
ausgezeichnet seien.

Mit diesen zur Zeit bekannten Mittheilungen traten sehr bald
Elaborate an das Tageslicht, welche den zu Anfang dieser Schrift
gethanen Ausspruch bestätigen: „Die Speculation tritt als Verthei-
diger oft völlig unhaltbarer Ansichten in die Schranken und materi-
elles Interesse ist in sehr vielen Fällen die Haupttriebfeder für die
Einführung des einen oder anderen Desinfectionsmittels u. s. w."
Denn kaum waren Neubauer's Versuche in die Oeffentlichkeit ge-
langt, so erschien ein Aufsatz in der „Weinlaube" betitelt: „Die
Salicylsäure in der Kellerwirthschaft", in welchem der Verfasser die
Anwendung der Salicylsäure empfiehlt

1) um junge noch nicht zur Ruhe gekommene Weine zum Abschluss ihrer Nachgährung zu bringen,

2) um ältere durch Nachgährung scharf gewordene Weine zur
Ruhe zu bringen.

3) um Weine für den Versandt nach tropischen Gegenden zu conserviren,

4) um bei Verstichen von Weinen verschiedenen Alters und Ursprungs diese vor Nachgährung zu schützen,

5) um Fässer, die im sogenannten weingrünen Zustand erhalten werden sollen, vor nachtheiligen Veränderungen, insbesondere Schimmelbildungen zu bewahren u. s. w.

Hätte der Verfasser dieses Sensationsartikels vorher rationelle Versuche mit Salicylsäure angestellt gehabt, er würde gefunden haben, dass Salicylsäure die Gährung nicht aufhebt, so lange noch unveränderte Hefennahrung vorhanden; es würde ihm ferner nicht entgangen sein, *dass die Salicylsäure, als Conservirungsmittel blanken Weines angewendet, demselben bei geringstem Gehalt an Eisenverbindungen nicht erwünschte Farbenveränderung ertheilt*, und endlich würde er beobachtet haben, *dass die Disposition zur Schimmelbildung durch Salicylsäure nicht unter allen Umständen aufgehoben wird.*

Durch dieses Zuviel im Lobe einer Sache ruft man unwillkürlich den Tadel wach. Denn so werthvoll die bis jetzt erlangten Resultate sind, so stellen sie, zumal was die Verwendbarkeit der Salicylsäure in den Gährungsgewerben betrifft, doch deren *allgemeine* Brauchbarkeit noch immer deshalb sehr in Frage, weil Most und Traubenzuckerlösungen gerade diejenigen Flüssigkeiten sind, welche sich, gegenüber den Würzen und Maischen, durch einen verhältnissmässig geringen Gehalt an gelösten Albuminaten auszeichnen. Und indem letztere das Material zum Hefenwachsthum liefern, so stand noch immer die Frage offen, wie sich die Salicylsäure stickstoffreicheren Gährungsflüssigkeiten gegenüber verhalte.

Ferner gestatten die Neubauer'schen und Kolbe'schen Versuche durchaus keinen Einblick in den Vergährungsgrad der angewendeten Lösungen und entbehren jedes Anhaltepunktes über die erzeugte Alcoholmenge oder die derselben correspondirende Kohlensäureentwicklung unter dem Einfluss wechselnder Salicylsäuremengen.

Vergleichende Versuche mit Benzoësäure und Salicylsäure.

Alle diese Umstände und ferner derjenige, dass die sehr nahe stehende Benzoësäure nicht mit in das Bereich auch späterer vergleichender Versuche hineingezogen worden war, wurden die Veranlassung zur Anstellung folgender Versuche, zum Zwecke der Lösung obiger 3 Fragen.

Die zur Beantwortung der ersten Frage angestellten Versuche waren, wie die Kolbe's mit Salicylsäure angestellten, nur qualitativer Natur und erstreckten sich darauf, gleichzeitig abgewogene und gleiche Mengen Salicylsäure und Benzoësäure mit Bittermandelpulver oder Senfmehl gemischt zu befeuchten und zu beobachten; ob und wenn der Geruch nach Bittermandel- oder Senföl bei den einzelnen Versuchsproben zum Vorschein kommt. Bei allen diesen Versuchen ergab sich, dass Benzoësäure qualitativ und quantitativ gleichartig wirkten, indem die Emulsinwirkungen mit zunehmender Menge beider Säuren in ganz gleichem Grade vernichtet wurden. Der Grund dieser Erscheinungen ist, wie diess die späteren Versuche mit Fleischflüssigkeit zu bestätigen scheinen, auf eine Coagulation des Emulsins durch die beiden Säuren der aromatischen Reihe zurückzuführen, durch welche physikalische Veränderung die Zerlegung des Amygdalins oder der Myronsäure negirt wird.

Für genaue quantitative Bestimmungen des antiseptischen Wirkungswerthes der Benzoë- oder Salicylsäure bleiben aber die Gährungsprocesse in mehrfacher Hinsicht beweiskräftiger. Die alkoholische Gährung repräsentirt den Entwicklungsprocess einer der empfindlichsten Zellensubstanzen, dessen Verlauf sich durch eine Reihe leicht messbarer Erscheinungen in seinen einzelnen Phasen leicht verfolgen lässt und bei welchem der Eintritt störender Momente ebenso leicht gekennzeichnet als gemessen werden kann.

Gährungsversuche.

Die Beantwortung der zweiten Frage:

In welches Verhältniss stellt sich die Benzoësäure gegenüber den Wirkungen der Salicylsäure oder Carbolsäure als Gährung verzögerndes oder vernichtendes Mittel?

bildet demnach, so zu sagen, den eigentlichen Kernpunkt nicht nur für die Beurtheilung der antiseptischen Wirkungen der genannten Säuren, sondern auch zur Feststellung der Bedingungen, nach welchen später der Wirkungswerth der Desinfectionsmittel im Allgemeinen zu beurtheilen sein wird.

Am 17. März wurden 7 mal 50 Cubiccentimeter frisch bereiteter Gerstenmalzwürze, mit gleichen Mengen in Wasser vertheilter Presshefe (aus der Fabrik von Bramsch) und mit verschiedenen Mengen der Auflösungen von Salicylsäure oder Benzoësäure*) versetzt, der Gährung bei zwischen 15—21 ° Cels. liegender Zimmertemperatur überlassen und vor eingetretener Gährung, wie vier Tage nachher, die specifischen Gewichte der Flüssigkeiten bestimmt. Hierbei resultirten folgende Zahlenwerthe:

I. Versuchsreihe.

	Den 17. März zur Gährung gebracht.					Den 21. März		
	Würze	trockne Hefe		specif. Gewicht	Extract	specif. Gewicht	Extract	scheinb. Vergährung
	Cubicc.	Gramm	Gramm					
1	50	0,045	—	1,0505	12,400%	1,0145 = 3,625%		8,775%
2	„	„	0,002 Salicyls.	1,0495	12,166 „	1,0145 = 3,625 „		8,541 „
3	„	„	0,004 „	1,0485	11,928 „	1,0145 = 3,625 „		8,303 „
4	„	„	0,006 „	1,0475	11,690 „	1,0147 = 3,675 „		8,015 „
5	„	„	0,002 Benzoës.	1,0495	12,166 „	1,0160 = 4,000 „		8,166 „
6	„	„	0,004 „	1,0485	11,928 „	1,0155 = 3,875 „		8,053 „
7	„	„	0,006 „	1,0475	11,690 „	1,0149 = 3,725 „		7,965 „

*) Die Salicylsäure stammte aus der Fabrik des Herrn Dr. v. Heyden in Dresden, war also künstliche und käufliche Salicylsäure, wie sie jetzt nach Kolbe's Vorschrift bereitet für antiseptische Zwecke in den Handel gelangt. Die Benzoësäure, sublimirt und rein, stammt von Gehe & Comp. in Dresden.

Aus dieser Tabelle ergibt sich zunächst, dass während die mit 45 Milligramm Hefe versetzte reine Würze eine Extractabnahme von 8,775% erfahren, die mit gleicher Hefenmenge und Salicylsäure oder Benzoësäure versetzten Gährungsflüssigkeiten in geringerem Grade vergohren hatten.

1 Hectoliter Würze mit 90 Gramm trockner Hefe liefert demnach in derselben Zeit 100 Gewichtstheile Alkohol, in welcher

1 Hectol. Würze m. 90 Gr. Hefe u. 4 Gr. Salicyls. versetzt = 97 Gewichtsth. Alkoh.

„	„	„	„	„	„	„	„	8	„	„	„	= 94	„	„
„	„	„	„	„	„	„	„	12	„	„	„	= 91	„	„
„	„	„	„	„	„	„	„	4	„ Benzoës.	„	= 93	„	„
„	„	„	„	„	„	„	„	8	„	„	„	= 91	„	„
„	„	„	„	„	„	„	„	12	„	„	„	= 90	„	„

producirten. Gleichzeitig aber stellen sich auch bei dieser allerdings nur kurze Zeit durchgeführten Gährung der Würze die Werthe für die Benzoësäure insofern günstiger, als hier in allen 3 Fällen in gleichem Zeitraum weniger Alkohol, als unter der Wirkung der gleichen Menge Salicylsäure erzeugt worden war.

Indem es aber nicht unmöglich erschien, dass die Benzoësäure im längeren Verlauf der Gährung andere Verhältnisse bieten konnte, ausserdem die Vergährungswerthe der Salicyl- und Benzoësäure haltenden Würze denjenigen der reinen Würze nicht allzu fern lagen, so wurde unter Anwendung einer extractärmeren Flüssigkeit, relativ grösserer Hefemengen und relativ grösserer Quantitäten der beiden genannten Säuren folgende Versuchsreihe angestellt.

II. Versuchsreihe.

			Den 21. März.			Den 26. März.		
	Würze	trockne Hefe		specif. Gewicht	Extract	specif. Gewicht	Extract	scheinb. Ver-gährung
	Cubicc.	Gramm	Gramm					
1	100	0,034	—	1,0310	7,706%	1,0207	5,175%	2,531%
2	„	„	0,004 Salicyls.	1,0302	7,512 „	1,0200	5,000 „	2,512 „
3	„	„	0,008 „	1,0294	7,316 „	1,0199	4,975 „	2,341 „
4	„	„	0,012 „	1,0286	7,122 „	1,0198	4,950 „	2,172 „
5	„	„	0,004 Benzoës.	1,0302	7,512 „	1,0207	5,175 „	2,337 „
6	„	„	0,008 „	1,0294	7,316 „	1,0215	5,375 „	1,941 „
7	„	„	0,012 „	1,0286	7,122 „	1,0216	5,400 „	1,722 „

In den hier verzeichneten Versuchen stellt sich nun der Wirkungswerth der Benzoësäure bedeutend günstiger, als derjenige der Salicylsäure, denn während

1 Hectoliter Würze mit 34 Gramm Hefe 100 Gramm Alkohol liefert, producirt
1 Hectoliter Würze mit 34 Gr. Hefe und 4 Gr. Salicylsäure 99 Gr. Alkohol,
1 „ „ „ „ „ „ „ 8 „ „ 92 „ „
1 „ „ „ „ „ „ „ 12 „ „ 88 „ „
1 „ „ „ „ „ „ „ 4 „ Benzoësäure 92 „ „
1 „ „ „ „ „ „ „ 8 „ „ 79 „ „
1 „ „ „ „ „ „ „ 12 „ „ 72 „ „

Es wurden demnach bei

4 Gramm Benzoësäure 7% Alcohol in obiger Würze
8 „ „ 13% „ „ „ „
12 „ „ 16% „ „ „ „

weniger erzeugt, als bei Anwendung gleicher Quantitäten Salicylsäure. Die in den beschriebenen Versuchsreihen eingehaltene Gährungstemperatur schwankte zwischen 15—21° Cels. und bedingte demnach eine langsamere Vergährung.

Gährungsversuche mit Benzoësäure, Carbolsäure und Salicylsäure.

Von Interesse erschien es daher, die Wirkung beider organischer Säuren auch bei höheren Gährungstemperaturen kennen zu lernen. Zu dem Zwecke wurde die folgende Versuchsreihe in einem während zweier Tage zwischen 30—35⁰ Cels. erwärmten Raume ausgeführt und hierbei folgende Resultate erzielt:

III. Versuchsreihe.

	Den 24. März.					Den 26. März.		
	Würze	trockne Hefe			specif. Gewicht	Extract	specif. Gewicht	Extract	scheinb. Vergährung
	Cubicc.	Gramm	Gramm					
1	70	0,011		1,0439	10,845%	1,0218	5,450%	5,395%
2	„	„	0,001 Carbols.	1,0434	10,712 „	1,0210	5,250 „	5,462 „
3	„	„	0,003 „	1,0420	10,355 „	1,0216	5,400 „	4,955 „
4	„	„	0,005 „	1,0408	10,104 „	1,0203	5,075 „	5,029 „
5	„	„	0,002 Salicyls.	1,0424	10,485 „	1,0201	5,025 „	5,460 „
6	„	„	0,006 „	1,0419	10,367 „	1,0198	4,950 „	5,417 „
7	„	„	0,010 „	1,0411	10,178 „	1,0198	4,950 „	5,228 „
8	„	„	0,002 Benzoës.	1,0427	10,557 „	1,0218	5,450 „	5,107 „
9	„	„	0,006 „	1,0418	10,343 „	1,0240	6,000 „	4,343 „
10	„	„	0,010 „	1,0411	10,178 „	1,0254	6,341 „	3,847 „

In der Erwartung, dass Carbolsäure*), welche mit in obige dritte Versuchsreihe eingeführt wurde, in viel geringeren Mengen gährungshemmend wirken müsse, als Salicylsäure oder Benzoësäure, wurden von Ersterer nur halb so grosse Mengen der zu vergährenden Würze zugeführt, hierbei aber Vergährungswerthe erhalten, welche sich durch folgende Uebersicht ausdrücken lassen:

---

*) Die zu diesen Versuchen angewendete Carbolsäure stammt aus der Fabrik von J C. Calvert & Co. in Bradford, Manchester, und war Product I. Qualität.

3*

1 Hectoliter Würze mit 15,7 Gramm Hefe lieferte bei hoher Gährungstemperatur
    100 Gramm Alcohol, in derselben Zeit, in welcher

1 Hectol. Würze mit 15,7 Gr. Hefe u.	1,43 Gr. Carbols.	105 Gr. Alkohol lieferte
1 „ „ „ „ „ „ „	4,28 „ „	96 „ „ „
1 „ „ „ „ „ „ „	7,14 „ „	97 „ „ „
1 „ „ „ „ „ „ „	2,90 „ Salicyls.	104 „ „ „
1 „ „ „ „ „ „ „	8,57 „ „	100 „ „ „
1 „ „ „ „ „ „ „	14,30 „ „	101 „ „ „
1 „ „ „ „ „ „ „	2,90 „ Benzoës.	98 „ „ „
1 „ „ „ „ „ „ „	8,57 „ „	84 „ „ „
1 „ „ „ „ „ „ „	14,30 „ „	74 „ „ „

Diese wahrhaft überraschenden Resultate beweisen uns, dass die antiseptische Wirkung der drei Säuren bei hoher Gährtemperatur in dem Grade abgeschwächt wird, dass die Anwesenheit von 14 Gr. Salicylsäure pro Hectoliter Gährungsflüssigkeit nicht hinreichen, die Gährungserscheinungen zu vermindern und dass auch die Carbolsäure in sehr wahrnehmbaren Quantitäten nur sehr geringe gährungsverzögernde Wirkung ausübt. *Von einer Vernichtung der Gährung durch die angewendeten Antiseptica ist in allen bisher angestellten Versuchsreihen nirgends Etwas zu beobachten.*

Immerhin könnte aber bei Durchsicht der bisher gewonnenen Resultate die Ansicht auftreten, dass die aus der Differenz der specifischen Gewichte gewonnenen Werthe kein zuverlässiges Zeugniss für die hier geschilderten Differenzen in der Wirkung der genannten Säuren ablegten. Die zuletzt gewonnenen Werthe liessen wenigstens den Verfasser selbst Bedenken tragen, obgleich die mit Hülfe der Aräometerwaage des Mechanikus Westphal in Celle *) erhaltenen Dichtigkeitswerthe, wie Jeder, der diesen Apparat kennt, bezeugen wird, auch noch bis auf die vierte Decimale sicher sind und mit Leichtigkeit auf die Temperatur von 15° Cels. umgerechnet werden können, wie Diess bei Aufstellung vorstehender Versuchsresultate geschah, und andrerseits Ballings saccharometrische Tabellen, obgleich

---

*) Zeitschrift für analitische Chemie. Neunter Jahrgang, pag. 233.

dieselben nach Griesmayer's Versuchen bei hohen Extractgehalten
in der 1. Decimale differiren, bei den Würzen, wie sie hier zur
Verwendung gelangten, volle Geltung erfahren können.

Gährungsversuche mit Würzen verschiedener Concentration, unter gleichzeitiger Berücksichtigung der Wirkungen von Zimmetsäure.

Es wurden daher zur Controlirung der bisherigen drei Versuchsreihen, nachdem bereits in anderen Fällen entsprechende Thatsachen für die Richtigkeit der erzielten Werthe sprachen, noch eine
Anzahl von Gährungsversuchen in Gang gesetzt, welche gleichzeitig,
neben der Beweislieferung für die Genauigkeit der bisher gelieferten
Versuchsresultate, noch einige andere, später zu erörternde Verhältnisse darlegen sollten.

IV. Versuchsreihe.

		Den 19. April Nachmittags.					Den 22. April Vormittags = nach 60 Stunden.				
	Würze	Hefe	Wasser		specif. Gewicht	Extract	specif. Gewicht	Extract	Ver-gährung	berechneter Kohlensäureverlust	gefundener Kohlensäureverlust
	Cubicc.	Cubicc. = Gramm	Cubicc.	Graumm						Gramm	Gramm
1	50	10 = 0,038	40	30 = 0,060 Carbols.	1,0400	9,901 %	1,0153	3,825 %	6,076 %	2,41	2,39
2	„	„	10	40 = 0,080 „	„	„	1,0150	3,750 „	6,151 „	2,40	2,38
3	„	„	—	40 = 0,080 „	„	„	1,0166	4,150 „	5,746 „	2,28	2,04
4	„	„	20	20 = 0,040 Salicils.	„	„	1,0133	3,325 „	6,576 „	2,63	2,46
5	„	„	10	30 = 0,060 „	„	„	1,0150	3,750 „	6,151 „	2,44	2,31
6	„	„	—	40 = 0,080 „	„	„	1,0246	6,146 „	3,755 „	1,55	1,39
7	„	„	20	20 = 0,040 Benzoës.	„	„	1,0247	6,170 „	3,731 „	1,48	1,36
8	„	„	10	30 = 0,060 „	„	„	1,0355	8,804 „	1,097 „	0,43	0,39
9	„	„	—	40 = 0,080 „	„	„	1,0378	9,365 „	0,526 „	0,21	0,17
10	„	„	40	40 = 0,040 Zimmets.	„	„	1,0368	9,122 „	0,779 „	0,41	0,31
11	„	„	„	„	„	„	„	„	„	„	0,30
12	„	„	„	„	„	„	„	„	„	„	0,30

Die hier in der IV. Versuchsreihe *) angestellten Experimente wurden so ausgeführt, dass zunächst für alle darin verzeichneten 12 Versuche Gährungsflüssigkeiten von gleichem specifischen Gewicht hergestellt wurden, in welchen gleiche Mengen Extract und gleiche Mengen Hefe mit wechselnden Quantitäten der organischen Säuren auf einander wirkten. Die Gährungsflüssigkeiten befanden sich in Glaskolben von der unten geschilderten Einrichtung, wodurch die Möglichkeit geboten war, einerseits durch den Kohlensäureverlust, andrerseits durch die Differenz der specifischen Gewichte die Attenuation zu controliren.

Das Resultat dieser Versuchsreihe, welches in den letzten beiden Colonnen obiger Tabelle ausgedrückt ist, wo einerseits die aus der scheinbaren Attenuation mit Hülfe der Balling'schen Alkoholfactoren abgeleiteten Kohlensäuremengen, andrerseits die entwickelten und in den Gährungsflüssigkeiten zurückgehaltenen Kohlensäuremengen, welche durch Rechnung bestimmt wurden, verzeichnet sind, überhebt uns aller weiteren Zweifel über die Richtigkeit der früher erhaltenen Werthe. *Die Differenzen in der Gährung hemmenden Wirkung der Benzoësäure, gegenüber den entsprechenden Einflüssen der Carbolsäure und Salicylsäure sind zu evident, als dass hierüber noch weitere Beweise erforderlich schienen.*

Versuchsweise wurde hier Zimmtsäure mit in Betracht gezogen und gefunden, dass diese wiederum alle vorhergehenden Stoffe übertrifft.

Somit wird auf Grund der bisher vorliegenden Resultate schon Niemand mehr behaupten wollen, dass Carbolsäure und Salicylsäure in der That als Hefengifte oder Gährungsverhinderer zu betrachten seien. Die Versuche 3, 4 und 5 der IV. Versuchsreihe beweisen, dass Carbolsäure und Salicylsäure unter Umständen nicht *nur die*

---

*) Diese und die folgenden Versuche wurden zum grössten Theil von Herrn Assistent Dr. Hempel mit anerkennenswerther Gewissenhaftigkeit und Ausdauer durchgeführt.

Gährung nicht aufhalten, sondern dieselbe sogar beschleunigen und vermehren können.

Wir werden weiter unten Gelegenheit finden, auf diese sehr wichtigen Resultate zurückzukommen.

Verlauf der Gährung bei Anwendung von Benzoësäure, Carbolsäure, Salicylsäure und Zimmetsäure.

Für die folgenden Versuche, bei welchen es zugleich in der Absicht lag, den Verlauf der Gährung einer leichten, fortdauernden Controle durch die Waage unterworfen zu sehen, wurde nun an Stelle der Dichtigkeitsdifferenzen, der *Kohlensäureverlust* als Maassstab festgehalten. Die bei der alkoholischen Gährung entweichenden Kohlensäuremengen sind, wie bekannt, der erzeugten Alkoholmenge proportional und nahezu gleich; denn 100 Gramm Zucker spalten sich in 51 Gramm Alkohol und 49 Gramm Kohlensäure. Der Gewichtsverlust des Gährungsapparates gibt demnach ein zuverlässiges Resultat für die Beurtheilung der wirklichen Vergährung ab, sobald dafür Sorge getragen, dass das Kohlensäuregas getrocknet entweichen kann. Zur Erreichung dieses Zweckes wurden die Gährungsflüssigkeiten in mit durchbohrten Gummikorken geschlossenen Glaskolben reservirt, so dass die Kohlensäure nur durch mit den Glaskolben gewogene Chlorcalciumröhren austreten konnte. Die Gährungsgefässe standen in der Mitte eines auf 20—25° Cels. erwärmten Zimmers und wurden zeitweilig gewogen, bis in der Mehrzahl derselben die Gewichtsabnahme so gering erschien und die Blasenbildung auf der Flüssigkeitsfläche so vollständig aufgehört hatte, dass die alkoholische Gährung selbst als abgeschlossen angesehen werden konnte.

V. Versuchsreihe.

	Den 2. April Nachmittag 5 Uhr.				Gewichtsabnahme der Gährungsgefässe durch Kohlensäureverlust.									
	Würze	Hefe	specif. Gewicht	Extract	den 5. April Nachm. nach 72 Stunden	den 6. April früh nach 18 Stunden	den 6. April Nachm. nach 8 Stunden	den 7. April früh nach 14 Stunden	den 8. April früh nach 22 Stunden	den 9. April früh nach 24 Stunden	den 10. April früh nach 24 Stunden	den 12. April früh nach 48 Stunden	den 14. April früh nach 48 Stunden	Gesammtmenge des Kohlensäureverlustes.
	Cubic. Gramm	Gramm			Gramm	Gramm	Gramm	Gramm	Gramm	Gramm	Gramm	Gramm	Gramm	Gramm
1	100	0,031	—	1,0713	17,300°/₀	4,73	0,48	0,20	0,15	0,17	0,11	0,07	0,08	0,00	5,96
2	„	„	10 = 0,020 Carbols.	1,0655	15,953 „	4,12	0,62	0,25	0,25	0,24	0,18	0,10	0,13	0,08	5,97
3	„	„	20 = 0,040 „	1,0600	14,666 „	3,30	0,38	0,15	0,16	0,19	0,14	0,09	0,13	0,10	4,64
4	„	„	30 = 0,060 „	1,0560	13,714 „	3,37	0,52	0,22	0,25	0,30	0,22	0,14	0,15	0,12	5,29
5	„	„	10 = 0,020 Salicyls.	1,0655	15,953 „	4,15	0,57	0,22	0,21	0,20	0,13	0,07	0,08	0,03	5,66
6	„	„	20 = 0,040 „	1,0600	14,666 „	3,87	0,57	0,27	0,33	0,35	0,21	0,12	0,11	0,07	5,90
7	„	„	30 = 0,060 „	1,0560	13,714 „	3,44	0,46	0,22	0,31	0,44	0,38	0,23	0,20	0,13	5,81
8	„	„	10 = 0,020 Benzoës.	1,0655	15,953 „	3,11	0,30	0,13	0,14	0,18	0,14	0,09	0,07	0,00	4,16
9	„	„	20 = 0,040 „	1,0600	14,666 „	2,20	0,18	0,10	0,10	0,15	0,13	0,09	0,11	0,07	3,13
10	„	„	30 = 0,060 „	1,0558	13,666 „	1,23	0,11	0,05	0,05	0,08	0,07	0,05	0,06	0,07	1,77

Die in dieser fünften Versuchsreihe auftretenden Resultate heben die letzten Zweifel über die Gültigkeit der früheren Werthe und bieten ein sehr interessantes Bild über den Einfluss der sogenannten Desinfections- oder Conservirungsmittel, als welche die Carbolsäure und Salicylsäure bis jetzt hingestellt wurden, auf den Verlauf der geistigen Gährung.

Zunächst bestätigt sich die bekannte Erscheinung der grössten Kohlensäureentwicklung in der ersten Zeit der Gährung, so dass, während in den ersten drei Tagen täglich und durchschnittlich

bei Versuch

1) 1,57 Gr. Kohlensäure entwichen, am 4. Tage nur noch 0,48 Gr. Kohlensäuregas
2) 1,37 „   „   „   „ „ „   „   „ 0,62 „   „
3) 1,10 „   „   „   „ „ „   „   „ 0,38 „   „
4) 1,12 „   „   „   „ „ „   „   „ 0,52 „   „
5) 1,38 „   „   „   „ „ „   „   „ 0,57 „   „
6) 1,29 „   „   „   „ „ „   „   „ 0,57 „   „
7) 1,14 „   „   „   „ „ „   „   „ 0,46 „   „
8) 1,04 „   „   „   „ „ „   „   „ 0,30 „   „
9) 0,73 „   „   „   „ „ „   „   „ 0,18 „   „
10) 0,41 „   „   „   „ „ „   „   „ 0,11 „   „

abgegeben wurden.

Für die Beurtheilung der gährungbeeinflussenden Wirkungen der drei organischen Säuren treten in den Vergleich zu Versuch 1 die Versuche 2, 5, 8; 3. 6. 9; 4. 7. 10. —

Es repräsentiren je 3 dieser Versuche, wie in den vorigen Reihen, den Gährungsverlauf gleich starker Würzen unter Anwendung gleicher Mengen Hefe und gleicher Mengen Carbolsäure, Salicylsäure und Benzoësäure, und führen zu folgenden Schlussfolgerungen:

bei Versuch

1) 1 Hectoliter Würze mit 31 Gr. Hefe lieferten bis zur völligen Vergährung 5960 Gr. Kohlensäure, in derselben Zeit, in welcher

2) 1 Hectol. Würze mit 31 Gr. Hefe u. 20 Gr. Carbols. bis z. völl. Vergährung 5970 Gr. Kohlens. ⎫
5) 1 „   „   „ „ „   „   „ 20 „ Salicyls. „ „   „   „ 5660 „   „ ⎬
8) 1 „   „   „ „ „   „   „ 20 „ Benzoës. „ „   „   „ 4160 „   „ ⎭
3) 1 „   „   „ „ „   „   „ 40 „ Carbols. „ „   „   „ 4640 „   „ ⎫
6) 1 „   „   „ „ „   „   „ 40 „ Salicyls. „ „   „   „ 5900 „   „ ⎬
9) 1 „   „   „ „ „   „   „ 40 „ Benzoës, „ „   „   „ 3130 „   „ ⎭
4) 1 „   „   „ „ „   „   „ 60 „ Carbols. „ „   „   „ 5290 „   „ ⎫
7) 1 „   „   „ „ „   „   „ 60 „ Salicyls. „ „   „   „ 5810 „   „ ⎬
10) 1 „   „   „ „ „   „   „ 60 „ Benzoës. „ „   „   „ 1770 „   „ ⎭

entwickelt haben würden. Die Werthe 5970. 5660. *4160;* — 4640. 5900. *3100;* — 5290. 5810. *1770.* — verhalten sich aber zu der Kohlensäureentwicklung der reinen Würze 5960

	bei Carbolsäure,	bei Salicylsäure,	bei Benzoësäure.
wie 100:	100,2	94,9	69,8
wie 100:	77,8	98,9	52,5
wie 100:	88,7	97,4	29,7

Diese Zahlenwerthe stellen unzweifelhaft *die gährunghemmenden Wirkungen der Salicylsäure noch hinter diejenigen der Carbolsäure und den Einfluss Beider* **weit unter den der Benzoësäure.**

Die Resultate der vierten und fünften Versuchsreihe berechtigen zu der Folgerung, *dass Salicylsäure unter gewissen Verhältnissen auch bei sehr grossen Mengen des Zusatzes zu gährender Flüssigkeit den Verlauf der Gährung wenig oder gar nicht beeinflussen kann.*

Beachtet man ferner den Verlauf der Kohlensäureentwicklung in verschiedenen Zeiträumen, so fällt auf den ersten Blick der Umstand in die Augen, dass aus den mit Salicylsäure versetzten Würzen in Versuch 5. 6. und 7. in der Zeit zwischen den 6.—9. April relativ grössere Kohlensäuremengen entwickelt wurden, als während derselben Zeit in der Carbolsäure- und Benzoësäure-Würze, obgleich die entsprechenden Gefässe zwischen den anderen unter ganz gleichen äusseren Einflüssen blieben. *Die Gährung ist demnach unter dem Einfluss der Salicylsäure in dem mittleren Stadium ihres Verlaufes stürmischer gewesen, als in allen anderen Flüssigkeiten während derselben Zeitperiode und bei ganz gleicher Gährungstemperatur.*

Als obige Versuche am 14. April abgeschlossen wurden, hatte der Inhalt der Gährungsgefässe, mit Ausnahme des Versuchsgefässes 7, einen ausgesprochenen sauren Geschmack angenommen. Nur in der mit 60 Milligramm Salicylsäure versehenen Gährflüssigkeit hatte, weil die Gährung noch nicht völlig abgeschlossen und noch kleine Glasbläschen auf der Oberfläche sichtbar waren, die Essigbildung noch wenig Platz gegriffen.

In welchem Grade diess überhaupt der Fall war, beweist der Umstand, dass bei der letzten Wägung am 14. April die ursprüngliche Würze von Versuch 1, 0,01 Gramm, die Würze mit 20 Milligramm Benzoësäure (Versuch 8) durch Sauerstoffaufnahme bereits sogar 0,07 Gramm an Gewicht zugenommen, *trotzdem im letzten Falle erst 69,8 Procent der Vergährung im Vergleich zu Versuch 1 stattgefunden hatte.*

Ergibt sich somit aus den bisher gewonnenen Versuchsresultaten die unzweifelhafte Thatsache, *dass Benzoësäure in ihren die Gährung hemmenden Wirkungen weit über die Carbolsäure und Salicylsäure zu stellen,* und dass der Einfluss der letzteren beiden Säuren überhaupt sehr zweifelhaft ist und unter Umständen sogar in das Gegentheil umschlagen kann, so ist es nun von Interesse zu erfahren, worauf die antiseptische Wirkung der genannten Säuren, wo solche auftritt, überhaupt zurückzuführen ist.

Wenn Carbolsäure, Salicylsäure, Benzoësäure oder Zimmetsäure unverändert und frei in den gährenden Flüssigkeiten enthalten blieben, so müssten die hierorts angestellten Versuche, bei welchen in einzelnen Fällen sogar relativ weniger Hefe, als in den Neubauer'schen und Kolbe'schen Versuchen zur Anwendung gelangte, insofern mit letzteren correspondiren, als an einer gewissen Grenze des Säurezusatzes alle Hefe unverändert in der Würze zur Abscheidung gelangen und jede Gährung von vornherein unmöglich sein musste.

Neubauer sagt in dem Resumé zu seinen Versuchen, dass 10 Gr. Salicylsäure pro Hectoliter Most genügten, um wenigstens 9,8 Gramm Hefe unwirksam zu machen. In den bereits geschilderten und noch zu beschreibenden Versuchen hoben selbst die doppelten Mengen von Carbolsäure, Salicylsäure oder Benzoësäure die Gährungserscheinungen nicht auf, und es erwächst demnach die sehr wichtige Frage nach den Ursachen solcher Verschiedenheiten.

Einfluss der Hefennahrung auf die Wirkung der Desinfections-mittel.

Nach den Mittheilungen Neubauer's wirkt die Salicylsäure direct tödtend, vergiftend auf die Hefe, sobald sie in gewisser Concentration den Gährungsflüssigkeiten zugesetzt wird. Dann würde bei einer Concentration von 60 Gramm Salicylsäure pro Hectoliter Würze von einer Hefenbildung gar nicht mehr die Rede sein dürfen *und doch trat dieselbe bei unsern Versuchen in sehr intensivem Grade auf!*

Diese Thatsache verglichen mit den sonstigen antiseptischen Wirkungen der Salicylsäure und deren Ursachen, rechtfertigten daher die Annahme, dass *nicht die Hefenmenge, sondern die Qualität und Qantität der Hefennahrung entscheidend für die Erfolge eintrete.*

In der Einleitung zu dieser Arbeit hat Verfasser den Grundsatz ausgesprochen:

„Wenn wir zur Erklärung gewisser Krankheitszustände, oder der Fäulnissprocesse und Gährungserscheinungen im engeren Sinne die Existenz von Pilzsporen und deren Abkömmlingen adoptiren, so müssen wir gleichzeitig denselben ein Abhängigkeitsverhältniss zu dem Boden, auf welchem sie wachsen, zugestehen. Es ist wenigstens bis jetzt noch kein organisches Wesen gefunden worden, welches sich diesen Bedingungen, der Nothwendigkeit eines Nahrungsherdes, entäussern könnte . . . . .

Stellen wir daher die Pilze als Vermittler, ja sogar als Beförderer eines Fäulniss- oder Gährungsvorganges hin, so wird immerhin deren Existenz eine von Letzterem abhängige sein und zum Erlöschen kommen, sobald wir den Boden, auf dem der Pilz gedeiht, vernichten, *oder die darauf gebotene Nahrung zu seinem Nachtheil verändern.*"

Bei der Alcoholgährung stehen wir aber vor einem Pilzherde, der sich nicht sowohl der zersetzungsfähigen Zuckermenge, als vielmehr *der gebotenen Stickstoffnahrung proportional* entwickelt. Es ist ein altbekanntes Experiment, dass reine Hefenzellen in reiner Traubenzuckerlösung sterben, ohne sich zu vermehren und ohne wesentliche Alcoholbildung zu bedingen, die Hefe verhungert, trotz reichlichster Zuckermenge.

Die in Most und Würze auftretenden Stickstoffverbindungen sind aber in ihrer Zusammensetzung, wie in ihren chemischen Verhalten, den thierischen Eiweissstoffen in hohem Grade ähnlich.

Kolbe spricht sich in einer seiner Mittheilungen u. A. in folgender Weise aus:

„Salicylsäure ist nicht nur ein desodorisirendes, sondern auch ein wirklich desinficirendes Mittel, *denn sie macht die zum Leben der Fäulnissorganismen nöthigen, löslichen Eiweisssubstanzen gerinnen, tödtet die Fäulnisserreger und verändert die Fäulnissproducte.*"

Was aber für die animalischen Eiweissstoffe gilt, in Bezug auf ihr Verhalten zu den in Rede stehenden organischen Säuren, das lässt sich für die vegetabilischen Albuminate der Fruchtsäfte und Würzen jedenfalls insoweit erwarten, als auch hier durch Vereinigung mit den Desinfectionsmitteln Erstere zur Ernährung der Hefe untauglich gemacht werden. Fügt man zu starker 18procentiger ungehopfter Lagerbierwürze, wie solche durch die Güte des Herrn Braumeister Unger von hiesiger Actienbierbrauerei zum Feldschlösschen zu Anstellung sämmtlicher Versuchsreihen anher bereitwilligst abgegeben wurde, Auflösungen von Carbolsäure, Salicylsäure oder Benzoësäure im Verhältniss von 1:300 so entstehen keine Coagulationstrübungen in der Kälte, und erwärmt man die Flüssigkeiten auf nicht über 60° Cels., so werden sie sogar durchsichtiger. Bei hierauf folgender Abkühlung tritt aber vermehrte Trübung ein, die in einer reinen Würze, unter gleiche Temperatur gebracht, nicht in solchem Grade beobachtet wurde, als in den desinficirten.

Hieraus scheint hervorzugehen, dass sich genannte Säuren mit den vegetabilischen Proteïnstoffen zu Verbindungen vereinigen, welche unter geschilderten Einflüssen unlöslich werden können.

Um aber hierüber und über den Einfluss derselben auf den Gährungsverlauf directe Schlussfolgerungen ziehen zu können bedurfte es noch einer Reihe von Versuchen, welche folgende Fragen beantworten sollten:

Nimmt die Gährung dem ursprünglichen Gehalte an *Hefennahrung*, oder dem ursprünglichen Gehalte an *Hefe* proportional zu oder ab, bei Einwirkung gleicher Mengen der gährunghemmenden organischen Säuren?

Zur Beantwortung dieser Frage wurden die in VI. Versuchsreihe detaillirten 10 Gährungsversuche angestellt, bei welchen im Versuche 1 zunächst

50 Cubiccentimeter		Traubenzuckerlösung,	
10	„	Hefenwasser, enthaltend 4,8 Milligr. trockene Hefe,	
20	„	Salicylsäurelösung mit 40	„ Salicylsäure *),
20	„	destillirtes Wasser	

100 Cubiccentimeter Gährungsflüssigkeit

bei einer Temperatur von 20—25 ⁰ Cels. in mit Chlorcalciumröhren und Bunsen'schen Gummiventil geschlossenen, gewogenen Glaskölbchen während 68 Stunden sich selbst überlassen wurden.

---

*) Die in sämmtlichen Versuchen angewendete künstliche Salicylsäure hinterliess 0,44 Procent alkalische Asche.

VI. Versuchsreihe.

Den 8. April Nachm.

Nro.	Traubenzucker-Lösung Cub.-Cent.	Hefe C.-C. Grm. 10 = 0,0048	Desinfectionsmittel C.-C. Grm. 20 = 0,040 Salicyls.	Wasser Cub.-C.	Würze Cub.-C.	Specif. Gewicht	Kohlensäureverlust den 10. April früh nach 38 Stunden Gramm	den 12. April früh nach 48 Stunden Gramm	Summa nach 86 Stunden Gramm	
1	50,0	„	„	20,0	—	1,0712	0	0	0	Die Flüssigkeit blieb völlig klar.
2	47,5	„	„	17,5	5	„	0	0	0	Die Flüssigkeit erschien schwach getrübt, ohne Gasentwicklung.
3	40,0	„	„	10,0	20	„	0,01	0,50	0,51	Starke Trübung, schwache Hefenbildung.
4	30,0	„	„	—	40	„	1,10	2,13	3,23	„ starke Hefenbildung.
5	47,5	„	„ Benzoës.	17,5	5	„	0	0	0	Schwache „ keine Gasentwicklung.
6	40,0	„	„	10,0	20	„	0	0,01	0,01	„ „ geringe Hefenbildung.
7	30,0	„	„	—	40	„	0,02	0,06	0,08	„ „ stärkere Hefenbildung.
8	47,5	„	„ Carbols.	17,5	5	„	0,10	0,46	0,56	„ „ deutlich Hefe-Abscheidung.
9	40,0	„	„	10,0	20	„	0,43	1,26	1,69	Starke „ stärkere Hefenbildung.
10	30,0	„	„	—	40	„	0,35	1,67	2,02	„ „ reichlich Hefenbildung.

Es ist Versuch I eine Wiederholung des Kolbe'schen Gährungsversuchs, nur dass hier eine Lösung von 17,3 Proc. Zuckergehalt mit sehr wenig Hefe und der fast zehnfachen Menge Salicylsäure in Wechselwirkung gebracht wurde. Das Resultat ist auch ein dem Kolbe'schen völlig gleiches, d. h. Hefe und Traubenzucker haben unter dem Einfluss dieser Salicylsäuremenge:

> auf 1 Hectoliter Traubenzuckerlösung 4,8 Gramm trockener Hefe und 40 Gramm Salicylsäure

gar keine Gährung angetreten. Die anfangs durch das Hefenwasser getrübte Flüssigkeit klärte sich schnell und vollständig und die abgeschiedene Hefe blieb unbeweglich am Boden des Kolbens.

Hieraus würde man, wie Kolbe, berechtigt sein, anzunehmen, dass die Salicylsäure überhaupt die Gährung unterdrückt oder vernichtet und die Hefe vergiftet.

Bei Versuch 2 sind

47,5 Cubiccentimeter		Traubenzuckerlösung von gleicher Stärke,
5,0	„	Lagerbierwürze von halber Stärke der Zuckerlösung,
10,0	„	Hefenwasser, wie oben,
20,0	„	Salicylsäurelösung, wie oben,
17,5	„	destillirtes Wasser.

100,0 Cubiccentimeter Gährungsflüssigkeit von gleicher Concentration

wie die vorige, die gleiche Zeit sich selbst überlassen worden. Hierbei stellte sich zwar eine schwache Trübung der Lösung, doch keine sichtbare oder durch den Gewichtsverlust bestimmte Kohlensäureentwicklung ein. Also auch bei diesem Versuch kann man die Salicylsäure noch als Gährungsverhinderer betrachten.

Bei Versuch 3, bei welchem

40,0 Cubiccentimeter		Traubenzuckerlösung, wie oben,
20,0	„	Würze, wie oben,
10,0	„	Hefenwasser,
20,0	„	Salicylsäurelösung,
10,0	„	Wasser

100,0 Cubiccentimeter Gährungsflüssigkeit

zur Wirkung gelangten, in welchen an Stelle von 10 Cubiccentimeter Traubenzuckerlösung, 20 Cubiccentimeter Würze getreten, welche letztere, neben Zucker und Dextrin auch stickstoffhaltige Hefennahrung enthielt, treten bereits sehr deutliche Gährungserscheinungen ein, und bei Versuch 4, bei welchem

30,0	Cubiccentimeter	Traubenzuckerlösung
40,0	„	Würze
10,0	„	Hefenwasser
20,0	„	Salicylsäurelösung
100,0	Cubiccentimeter	Gährungsflüssigkeit

vorhanden und durch Anwesenheit von 40 Cubiccentimeter Würze die Hefenahrungsmenge gegen Versuch 3 verdoppelt ist, ist bei Anwesenheit ganz gleicher Hefenmenge und ganz gleicher Salicylsäurequantität nach 68 Stunden bereits soviel Kohlensäure in der Gährung entwickelt, dass sich dabei eine Vergährung von 17,3 auf 10,7 Proc. Extract herausstellte.

Durch diese Versuche ist zunächst mit voller Sicherheit dargethan, *dass die Salicylsäure nur dann gährungvernichtend wirkt, wenn die Menge der Letzteren hinreicht, um die stickstoffhaltige Hefennahrung in der Gährungsflüssigkeit zu binden,* d. h. die Hefe *auszuhungern* dadurch, dass die Albuminate der Gährungsflüssigkeit durch Salicylsäure in eine der Hefe ungeniessbare Nahrung verwandelt werden. Wollte man demnach Versuch 2 als die Grenze betrachten, bei welcher die Wirksamkeit von 40 Milligramm Salicylsäure gegenüber 4,8 Milligramm Hefe und der Hefennahrung von 5 Cubiccentimeter Würze liegt, so würde man zu 100 Cubiccentimeter gleich starker Würze unter Anwendung gleicher Hefenmenge 0,800 Gramm Salicylsäure, aber auf 1 Hectoliter derselben Würze von 8,6 Proc. Extractgehalt bei 4,8 Gramm trockner Hefe wenigstens 800 Gramm Salicylsäure brauchen, um die Gährungserscheinungen nicht aufkommen zu lassen. (*8 Gramm Salicylsäure pro Liter Würze.*)

Vergleicht man ferner die Versuche 2, 5 und 8; — 3, 6 und 9; — 4, 7 und 10 obiger Versuchsreihe, so erkennt man sehr deutlich den bedeutenden Unterschied, der sich in der antiseptischen Wirkung der Salicylsäure und Carbolsäure gegenüber derjenigen der Benzoësäure geltend machte.   In demselben Zeitraume, in welchem aus Versuch 4, 3,23 Gramm Kohlensäure, aus Versuch 10, 2,02 Gramm Kohlensäure entwickelt wurden, hat in Versuch 7, wo 40 Milligramm Benzoësäure der Hefennahrung von 40 Cubiccentimeter Würze gleichzeitig gegenüber traten, nur 0,08 Gramm Kohlensäureverlust stattgefunden *) und wollte man den Versuch 6 als Grenzwerth betrachten, bei welchen 40 Milligramm Benzoësäure, der Hefennahrung von 20 Cubiccentimeter Würze gegenüber, ihre Wirksamkeit zu verlieren anfingen, so würde sich zur Hervorrufung derselben abgeschwächten Wirkung pro Hectoliter derselben Würze 200 Gramm Benzoësäure nothwendig zeigen, *also ungefähr 25—30 Proc. der zu gleichem Effect nothwendigen Salicylsäuremenge (2 Gramm Benzoësäure pro Liter).*

Einfluss der Hefenmenge auf die Wirkung der Desinfectionsmittel.

Trotzdem könnte es den Anschein gewinnen, als habe bei dieser Versuchsreihe die sehr geringe Hefenmenge in der That mehr als die Salicylsäure zur Herbeiführung dieser Resultate zu Ungunsten der Salicylsäure beigetragen.   Deshalb wurde eine neue Versuchsreihe

*) Die in der Tabelle verzeichneten Kohlensäureverluste erreichen noch nicht die Menge der wirklich entwickelten Kohlensäure, weil in 100 C.-C. Gährungsflüssigkeit noch ein gleiches Volumen = ca. 0,200 Gr. Kohlensäure, absorbirt blieb.   Demnach sind

in Versuch   4 wenigstens 3,43 Gr. Kohlensäuregas
  „   „   10   „   2,22 „   „   „
  „   „   7   „   0,28 „   „   „
  „   „   6   „   0,21 „   „   „
in der Gährung frei geworden.

angestellt, bei welcher zu gleicher Menge Würze und Desinfectionsmittel wechselnde und gewogene Mengen Hefe gesetzt wurden.

VII. Versuchsreihe.

Den 14. April Nachm.							
	Trauben-zucker-lösung	Würze	Hefe		Wasser		Kohlen-säureverlust nach 4½ Tag
	Cubiccent.	Cubicc.	Cubicc.	Gramm	Cubicc.	Cubicc.	Gramm	Gramm
1	40	20	5	= 0,0336	15	20	= 0,040 Salicyls.	3,47
2	,,	,,	10	= 0,0673	10	20	= ,, ,,	3,56
3	,,	,,	20	= 0,1347	—	20	= ,, ,,	4,03
4	,,	,,	5	= 0,0336	15	20	= 0,040 Benzoës.	0,77
5	,,	,,	10	= 0,0673	10	20	= ,, ,,	0,71
6	,,	,,	20	= 0,1347	—	20	= ,, ,,	0,83
7	,,	,,	5	= 0,0336	15	20	= 0,040 Carbols.	2,90
8	,,	,,	10	= 0,0673	10	20	= ,, ,,	3,47
9	,,	,,	20	= 0,1347	—	20	= ,, ,,	3,66

In dieser VII. Versuchsreihe sind wiederum 100 Cubiccentimeter
Gährungsflüssigkeit von 17,3 Proc. Extractgehalt für jeden Versuch
mit 40 Milligramm der organischen Säure gemischt aber die Hefenmenge so vermehrt worden, dass

bei Versuch 1, 4 u. 7 = 33,6 Gramm Hefe pro Hectol. Flüssigkeit
„   „   2, 5 „ 8 = 67,3   „   „   „   „   „
„   „   3, 6 „ 9 = 134,7   „   „   „   „   „

zur Wirkung kamen und doch bemerken wir, dass die entwickelten
Kohlensäuremengen für jede der angewendeten Säuren fast gleiche
sind, wenn wir berücksichtigen, dass die Gährung erst nach 5 tägigem
Verlauf unterbrochen wurde, während welcher Zeit durch die Hefe
mit eingeführte Spuren von Vergährungsmaterial die Kohlensäure-
differenzen je dreier Versuche herbeiführen konnten. Es sagen uns
gerade diese Versuchsresultate ganz bestimmt, dass die Antiseptica
nur bedingungsweise von Einfluss auf die Hefe als solche sind, sonst
müssten bei so bedeutenden Mengendifferenzen grössere Störungen

im Gährungsverlauf stattgefunden haben. Die Versuche dieser Tabelle zeigen gleichzeitig wiederum, *dass die Benzoësäure in gleichen Zeiträumen nur 20—25 Proc. der Zuckermenge zur Vergährung kommen lässt, welche unter dem Einfluss von Salicylsäure oder Carbolsäure auf gleiche Mengen Hefennahrung unter sonst ganz gleichen Verhältnissen vergähren konnten*, denn die Werthe von je 3 Versuchen mit derselben Säure, verglichen mit den correspondirenden Zahlen einer anderen Säure

3,47 Gramm Kohlensäureverlust für Salicylsäure
3,56 „ „ „ „
4,03 „ „ „ „

2,90 Gramm Kohlensäureverlust für Carbolsäure
3,47 „ „ „ „
3,66 „ „ „ „

0,77 Gramm Kohlensäureverlust für Benzoësäure
0,71 „ „ „ „
0,83 „ „ „ „

sind zu different, als dass noch ein Zweifel an dem bedeutend höheren antiseptischen Wirkungswerth der Benzoësäure gerechtfertigt wäre. Gleichzeitig ist durch diese VII. Versuchsreihe *der Ausspruch Neubauer's*, dass sich die Salicylsäuremenge nach der Quantität der angewendeten Hefe richten müsse, um Letztere zu tödten, *vollständig widerlegt worden. Die Salicylsäure tödtet die Hefe nicht!*

Salicylsäure, Carbolsäure und Benzoësäure sind keine Hefengifte.

Uebergiesst man 40 Milligramm Hefe mit 100 Cubiccentimeter einer wässrigen Lösung von Salicylsäure oder Benzoësäure, welche 80 Milligramm der Letzteren enthält (= 80 Gramm pro Hectoliter) und überlässt diese Flüssigkeiten 24 Stunden sich selbst, so ist anzunehmen, dass in dieser Zeit eine Wechselwirkung zwischen den organischen Säuren und dem stickstoffhaltigen Hefeninhalte stattgefunden haben könne. Entfernt man daher die Hefe nach 24 Stunden aus diesen Lösungen, wäscht sie mit Wasser aus und führt sie dann in eine extractreiche Würze über, so wird, wenn die Antiseptica ohne Einfluss auf die Hefe (resp. den Hefeninhalt) blieben, die Gährung wie gewöhnlich beginnen und verlaufen. Bei Ausführung dieses Versuchs ergab sich nun, dass nach Behandlung der Hefe mit Salicylsäure oder Benzoësäure von der genannten Concentration (1 : 1250) die Hefe an Wirkungsintensität wenig eingebüsst hatte, so dass nach 24 Stunden bei der mit Benzoësäure behandelten Hefe bereits Gährungserscheinungen zum Vorschein kamen.

Ein zweiter Versuch wurde in ganz gleicher Weise aber mit Salicylsäure und Benzoësäurelösung (1 : 500) so ausgeführt, dass 100 Cubiccentimeter dieser Flüssigkeiten mit 0,200 Gramm der genannten Säuren (200 Gramm pro Hectoliter), auf 20 Milligramm Hefe während 24 Stunden wirkten. Die hierauf gesammelte und gewaschene Hefe brachte in der Würze nach 3—5 tägigem Stehen eine unterdrückte Gährung bei 15—20° Cels. hervor. Sobald dieselben Flüssigkeiten aber einer Gährungstemperatur von 30° Cels. ausgesetzt waren, trat eine ebenso stürmische Kohlensäureentwicklung ein, als wenn frische Hefe angewendet worden wäre.

Zur Controlirung dieser Versuche wurden je 89 Milligr. frischer Presshefe in 25 Cubiccentimeter Wasser vertheilt und dieses Hefenwasser zu Lösungen von Carbolsäure, Salicylsäure und Benzoësäure gesetzt, welche auf je 100 Cubiccentimeter Flüssigkeit 20, 40 und 80 Milligramm der genannten Säuren enthielten. Es wurden also 9 Versuche angestellt, bei welchen die genannte Hefemenge jedesmal den genannten Mengen der Antiseptica exponirt waren und 24 Stunden lang blieben.

Durch diesen Versuch sollte die Frage beantwortet werden, ob und in welchem Grade die organischen Säuren als Hefengifte wir-

ken, und man ging hierbei von der Ansicht aus, dass in Ermange-
lung anderer Proteïnstoffe der stickstoffhaltige Hefeninhalt durch
die genannten Säuren coagulirt und dadurch die gährende Wirkung
der Hefe aufgehoben, die Hefe also vergiftet werden müsse.

Nachdem also die Hefe während 24 Stunden der Einwirkung
der Carbolsäure, Salicylsäure und Benzoësäure ausgesetzt gewesen,
wurde dieselbe durch Filtration getrennt, das Filter *einmal* mit
destillirten Wasser ausgewaschen und zerkleinert in 100 Cubiccentimeter Würze gebracht. War die Hefe durch den directen Einfluss
der Säuren getödtet worden, so durfte in keiner der Flüssigkeiten
Gährung auftreten. Das Resultat war aber ein völlig entgegenge-
setztes, wie auf folgender Seite stehende Versuchsreihe VIII. zeigt.

Nachdem die Würzen mit der desinficirten Hefe 24 Stunden
bei einer Temperatur zwischen 15—18° Cels. sich selbst überlassen
gewesen, war in allen Gefässen Gährung eingetreten, am schwächsten
in der Salicylsäurehefe und der Benzoësäurehefe von Versuch 9.
Sobald aber nun die Gährungsgefässe einer Temperatur von 25—30°
Cels. ausgesetzt wurden, trat auch in den Versuchsgefässen 4, 5
und 6 eine so stürmische Vergährung ein, dass nach 24 Stunden
die Salicylsäurehefe mit der Carbolsäurehefe nahezu gleiche Vergährung zeigte, in Versuch 6 dieselbe sogar übertroffen hatte.

In Versuch 10 ist auch Zimmtsäure, von welcher 16 Milligramm
zur Desinfection gleicher Hefemengen verwendet wurden, mit in Be-
achtung gezogen. Aus der IV. Versuchsreihe ergab sich, dass die
selbe im höchsten Grade gährungswidrig wirkte. Aber im vorliegenden Falle, wo die Hefe mit der Zimmtsäurelösung vor der Gährung 24 Stunden in Berührung blieb, ist von einer Verminderung
der Gährung Nichts zu beobachten.

Durch diese Versuchsresultate ist nun unzweifelhaft dargethan:
*die Carbolsäure, Salicylsäure, Benzoësäure, Zimmtsäure wirken zu
den gährenden Flüssigkeiten gefügt, nicht als Hefengifte.*

VIII. Versuchsreihe.

		Den 27. April Nachmittags.	Den 28. April Nachmittags.		Den 29. April Nachmittags.	
	89 Milligramm Hefe	100 Cubiccent. Würze	Spec. Gew. = Extr.	Scheinbare Attenuation	Spec. Gew. = Extr.	Scheinbare Attenuation
1	mit 20 Milligrm. Carbols. behandelt	1,0769 = 18,568 % Extr.	1,0529 = 12,976	5,592 %	1,0284 = 7,073	11,495 %
2	„ 40 „	1,0769 = 18,568 „	1,0516 = 12,666	5,902 „	1,0304 = 7,560	11,008 „
3	„ 80 „	1,0769 = 18,568 „	1,0484 = 11,904	6,764 „	1,0286 = 7,122	11,446 „
4	„ 20 Salicyls.	1,0784 = 18,909 „	1,0782 = 18,900	0,009 „	1,0305 = 7,584	11,325 „
5	„ 40 „	1,0784 = 18,909 „	1,0780 = 18,818	0,021 „	1,0411 = 10,166	8,743 „
6	„ 80 „	1,0784 = 18,909 „	1,0780 = 18,818	0,021 „	1,0288 = 7,170	11,739 „
7	„ 20 Benzoës.	1,0776 = 18,727 „	1,0506 = 12,428	6,299 „	1,0276 = 6,477	12,250 „
8	„ 40 „	1,0776 = 18,727 „	1,0516 = 12,666	6,061 „	1,0293 = 7,292	11,435 „
9	„ 80 „	1,0788 = 19,000 „	1,0777 = 18,750	0,250 „	1,0620 = 15,139	3,861 „
10*	„ 16 Zimmets.	1,0772 = 18,636 „	1,0492 = 12,095	6,541 „	1,0304 = 7,560	11,076 „

Die genannten Säuren vermögen nicht in dem Verdünungsgrade und in der Menge, in welchen sie überhaupt als Antiseptica angewendet werden können, die Hefe zu tödten oder ihre Lebensthätigkeit wesentlich zu verringern.

Durch die vorstehende Versuchsreihe ist aber vor Allem der in Vorgehendem mehrfach hervorgehobene Grundsatz bestätigt worden, dass die Carbolsäure, Salicylsäure, Benzoësäure und Zimmetsäure, wenn sie, wie die bisherigen zahlreichen Versuche mit grosser Bestimmtheit darthun, die Gährung in grösserem oder geringerem Grade hemmten, nur die stickstoffhaltige Hefennahrung der Würzen und Fruchtsäfte in eine für die Ernährung der Hefe ungeeignete Form brachten und dadurch die Thätigkeit der Hefe und mit dieser die Gährung abschlossen.

Unter den genannten vier Säuren stehen Zimmetsäure und Benzoësäure in ihrer Wirkung oben an. Erstere ist aber durch ihre sehr geringe Löslichkeit in Wasser (1:1250) wie ihrer grösseren Kostspieligkeit wegen von der practischen Verwerthung ausgeschlossen. *Hingegen stellt sich die Benzoësäure in jedem der angestellten Versuche als gährungshemmendes Mittel bedeutend in den Vordergrund.*

Rückblick auf die Kolbe'schen und Neubauer'schen Gährungsversuche.

Durch die bisher angestellten Gährungsversuche von ungehopften Würzen ist zugleich der Schlüssel für die Erklärung der mit ihnen vielfach in Widerspruch stehenden Kolbe'schen und Neubauer'schen Versuche und der daraus hervorgegangenen Resultate geboten.

Die ersten Gährungsversuche Kolbe's mit Traubenzuckerlösung zu welcher 18 Gramm und 100 Gramm Salicylsäure pro Hectoliter Gährflüssigkeit gefügt, zeigen schon an sich, dass bei geringerem Salicylsäurezusatz auch zu einer an Hefennahrung jedenfalls sehr armen Flüssigkeit die Gährung nicht verhindert wird, so dass erst

bei einer Gesammtmenge von 38 Gramm Salicylsäure pro Hectoliter Traubenzuckerlösung die Gährung erlöscht. Es beweist dieser
Versuch zunächst, dass entweder die Traubenzuckerlösung nicht
rein, oder die Hefe noch mit anhängenden Proteïnstoffen behaftet
gewesen ist, weil sonst die Gährung schon nach Zusatz von 18 Gr.
Salicylsäure aufhören musste, nachdem sich aus Versuchsreihe VI.
ergibt, dass die Gährung bei Einwirkung von 40 Gramm Salicylsäure auf eine mit 5 Liter Würze (von 18%) und 95 Liter Traubenzuckerlösung vermischte Gährflüssigkeit von 17% Extractgehalt
unter Anwesenheit von 4,8 Gramm Hefe gar nicht zum Vorschein
kam. Der Mangel aller quantitativen Anhaltepunkte zur richtigen
Beurtheilung des Verlaufes des Kolbe'schen Versuches macht allerdings hier die Beweisführung sehr schwierig.

Dass aber die obige Behauptung richtig ist, ergibt sich aus
einem später von Kolbe angestellten Versuch, bei welchem er auf
1 Hectoliter 12 procentige Traubenzuckerlösung 500 Gramm Bierhefe verwendet und dazu 25 Gramm Salicylsäure fügt, welche er,
weil schon nach 6 Stunden Gährung eingetreten, noch um 10 Gramm
vermehrt und erst durch nochmaligen Zusatz von 15 Gramm der
Säure ein Aufhören der Gährung beobachtet. Hier haben also 50
Gramm Salicylsäure erst das erreicht, was in dem ersten Versuch
bei nahezu gleicher Concentration der Zuckerlösung durch 35 Gramm
erzielt wurde. Es ist zu verwundern, dass Kolbe, bei der Viel-
seitigkeit seiner Versuche nicht auf den Gedanken kam, den Verlauf
der Gährung mit der Westphal'schen Waage zu verfolgen und auch
die Menge angewendeter trockener Hefe genau zu bestimmen, er
würde zu den Resultaten gekommen sein, *dass nicht die Hefenmenge,*
auch nicht die Zuckermenge, sondern die Menge der Hefennahrung
maassgebend für die Wirkung der Salicylsäure ist.

Dieser Ausspruch wird auch, wie wir sogleich erkennen werden, durch die Neubauer'schen Versuche nicht alterirt, welche in
ihren Zahlenresultaten so viel Bestechendes bieten, dass sie wesentlich
zur Glorificirung der Salicylsäure beitrugen.

Nimmt man bei dem soeben erwähnten Kolbe'schen Versuch die zur Gährung verwendete Bierhefe mit 90% Wassergehalt an, so sind pro Hectoliter Flüssigkeit 50 Gramm trockne Hefe mit 25—30 Gramm Salicylsäure in Berührung getreten und erst die Quantität von 50 Gramm der letzteren gebieten der Gährung Einhalt, während bei 35 Gramm Salicylsäurezusatz noch nach 10 Stunden Gährung eintritt. Neubauer's Versuche berichten, dass bei Anwendung von 9,8 Gramm Hefe zu seiner Mostgährung und unter Zusatz von 1,2—4,8 Gramm Salicylsäure pro Hectoliter Gährungsflüssigkeit die Gährung in Zeiträumen von 2 bis 8 Tagen deutlich zum Vorschein kam. Stellt man diese Resultate sich gegenüber, so ergibt sich:

50 Gramm trockene Hefe $+$ 35 Gr. Salicylsäure $=$ nach 10 Stunden Eintritt der Gährung.

9,8 „ „ „ $+$ 4,8 „ „ $=$ nach 8 Tagen Eintritt der Gährung.

Im ersten Falle auf 1 Gr. Hefe 0,7 Gr. Salicylsäure
„ zweiten „ „ 1 „ „ 0,5 „ „

Also trotz des grösseren Salicylsäurezusatzes im Kolbe'schen Versuche eine schnellere Gährung, als im zweiten Falle bei geringerer Salicylsäuremenge.

Und wollte man im Kolbe'schen Versuche die angewendete flüssige Hefe mit 80 Proc. Wassergehalt annehmen, so würde sich

nach Kolbe auf 1 Gr. Hefe $=$ 0,35 Gr. Salicylsäure
„ Neubauer „ 1 „ „ $=$ 0,50 „ „

berechnen, aber die hier auftretende Differenz immer noch nicht einen solchen bedeutenden Unterschied von 10 Stunden und 8 Tagen im Eintritt der Gährung rechtfertigen.

In den hier Orts angestellten Versuchen bewegen sich die Salicylsäuremengen, wie solche auf 1 Gramm Hefe angewendet wurden, *zwischen 44,4 und 1935,5 Gramm und in keinem Fall ist ein Ausbleiben der Gährung, ja kaum eine Verzögerung derselben wahrgenommen worden.*

Wie nun aus den Neubauer'schen Versuchen sich ergibt, hat derselbe die erzeugte Hefenmenge als Maassstab für die Beurtheilung der Salicylsäurewirkung adoptirt, und es fragt sich zunächst, ob diese Ansicht practisch gerechtfertigt ist.

Wenn nämlich die Hefenmenge maassgebend für den Gährungsverlauf ist, so müssen verschiedene der Gährungsflüssigkeit zugesetzte Hefenquantitäten einen ihnen proportionalen Vergährungsgrad oder Gährungsverlauf herbeiführen.

Auch diese Frage wurde in Betracht gezogen und folgende Versuchsreihe angestellt:

IX. Versuchsreihe.

		Den 30. April Nachm.			Den 3. Mai Vorm.		Den 4. Mai Vorm.	
Würze	Spec.Gew.=Extr.		Hefe	Eintritt der Gährung	Spec.Gew.=Extr.	Vergährung	Spec.Gew.=Extr.	Vergährung
	Cbc.	Proc.	Gramm	Stund.	Proc.	Proc.	Proc.	Proc.
1	100	1,0706=17,136	0,0505	nach 6	1,0263=6,560	10,576	1,0223=5,575	11,561
2	„	1,0706=17,136	0,0252	„ 12	1,0233=5,825	11,311	1,0175=4,375	12,761
3	„	1,0716=17,363	0,0126	„ 18	1,0253=6,316	11,047	1,0178=4,450	12,913
4	„	1,0706=17,136	0,0063	„ 24	1,0298=7,413	9,723	1,0203=5,075	12,061
5	„	1,0386= 9,560	0,0505	„ 6	1,0103=2,575	6,985	1,0083=2,075	7,485
6	„	1,0376= 9,316	0,0252	„ 12	1,0113=2,825	6,491	1,0083=2,075	7,241
7	„	1,0366= 9,073	0,0126	„ 18	1,0118=2,950	6,123	1,0088=2,200	6,873
8	„	1,0356= 8,828	0,0063	„ 24	1,0120=3,000	5,828	1,0083=2,075	6,753

In diesen 8 Versuchen wurden 4 Proben starker und 4 Proben verdünnter Würze bei 16—20° Cels. mit je 50, 25, 12,5 und 6,3 Milligramm Hefe in Berührung gelassen, und es stand zu erwarten, dass sich hierbei entweder in der Zeit oder im Vergährungsgrad Differenzen zeigen müssten, die eine Proportionalität zu der angewendeten Hefenmenge andeutete. Aber bis auf die sehr gleichmässige Differenz von 6 Stunden im Gährungsanfange bei beiden Würzen war Nichts wahrzunehmen, was auf einen hervorragenden Einfluss der Hefenquantität auf den Verlauf der Gährung hindeutete.

In den ersten 4 Versuchen findet sogar bei geringerer Hefenmenge eine stärkere Vergährung statt. Um daher über die in den
hier erwähnten Versuchen erzeugten Hefenquantitäten einen Auf-
schluss zu erlangen, wurde nach Abschluss der Gährung aus der
Würze mit 9,560% Extract, welche mit 50,5 Milligr, Hefe angestellt und auf 2,075% vergohren war (Versuch 5) und von der
Würze mit 8,828% Extract, welche mit 6,3 Milligramm Hefe angestellt und auf ebenfalls 2,075% in gleicher Zeit vergohren war, die
Hefe getrennt und gewogen. Es ergab sich hierbei

> für Versuch 5 = 0,534 Gramm Hefe
> „   „   8 = 0,413   „   „
> also für ersten   Versuch eine Zunahme von 100 : 937,6
> „   zweiten   „   „   „   „   100 : 6571,4

demnach im letzten Versuch eine 7 mal stärkere Hefebildung als im
Versuch 5.

Das Wachsthum der Hefe richtet sich also nach der Quantität
der gebotenen Hefenahrung.

In jedem der erwähnten Versuche standen, wie unten bewiesen
wird auf 1% Extract 8 Milligramm Stickstoff in der Albuminnahrung zur Verfügung, diese entsprach demnach

> bei Versuch 5 = 76,5 Milligr. Stickstoff
> „   „   8 = 70,5   „   „
> mithin in Versuch 5 auf 1 Milligr. Hefe = 1,5% Stickstoff
> „   „   8 „ 1   „   „   = 12,1%   „

das ist aber das Verhältniss von 1 : 8 und daher kommt es, dass
in Versuch 8 sich die Hefe um das Siebenfache vermehren konnte,
weil ihr die achtfache Menge Albuminnahrung zur Verfügung stand,
gegenüber der Hefe von Versuch 5.

Und hieraus folgt von selbst, dass trotz und wegen des 8 mal
geringeren Hefezusatzes die Vergährung eine nahezu gleiche sich
gestaltete. Man erkennt hieraus, wie man wohl berechtigt ist, aus
der Menge der Hefe einen Rückschluss auf den Gährungsverlauf,
nicht aber auf eine Hefe vergiftende Wirkung der in denselben ein-
geschalteten Antiseptica zu ziehen!

Ausserdem kommt es doch *in der Praxis* in der That nicht sowohl auf die erzeugte Hefemenge, als vielmehr auf die erzeugte Alcohol- oder zersetzte Zuckerquantität an, um über den Gährungseffect zu urtheilen und weil diess der Fall ist, so darf auch der Einfluss der Salicylsäure und anderer Antiseptica nur mit diesem Maassstab gemessen werden.

Aus diesem Grunde wurde in allen hier Orts angestellten Versuchen entweder der Vergährungsgrad oder die Kohlensäureentwicklung während der Gährung zum Anhaltspunkt für die Beantwortung der gestellten Fragen erhoben und der durch die IV. Versuchsreihe dargethane innige Zusammenhang zwischen beiden Werthen lässt über die Richtigkeit dieser Auffassung und der damit verbundenen Arbeitsmethode keinen Zweifel mehr.

Immerhin bedurfte es aber noch eines directen Beweises für dem diese Abhandlung als Thema unterbreiteten Ausspruch, dass durch die Desinfectionsmittel im Gährungsprocess nicht die Hefe, sondern die Hefennahrung alterirt werde und dass die Hefenthätigkeit erst in zweiter Linie stehe.

Stickstoffgehalt frischer und vergohrener Würzen.

Es ist bekannt, dass die Hefe vorwaltend stickstoffhaltige Bestandtheile der Gährungsflüssigkeit entzieht und dass mit der Zunahme der Vergährung der Stickstoffgehalt der Würzen in Abnahme kommt.

Hierfür spricht folgendes Resultat:

100 Cubiccentimeter der in der IV. Versuchsreihe angewendeten Würze von 9,901 Procent Extractgehalt repräsentirten einen Gehalt von 0,07828 Gramm Stickstoff. Nach der Vergährung auf 3,825 % Extract, wurde noch 0,0469 Gramm Stickstoff in derselben Würze

vorgefunden (nach der Berechnung sollten nur noch 0,0302 Gramm Stickstoff vorhanden sein). Im 9. Versuche derselben Versuchsreihe hatte unter dem Einfluss von 80 Milligramm Benzoësäure die Würze von 9,901 Procent Extractgehalt in gleicher Zeit nur auf 9,365 Procent vergohren und zeigte auch noch einen Gehalt von 0,07025 Gramm Stickstoff (nach der Berechnung 0,0740 Gramm), entsprechend der durch die Benzoësäure der Hefe entzogenen stickstoffhaltigen Nahrung. Die Wirkung der Benzoësäure, wie aller Antiseptica concentrirt sich also in einem Zurückhalten der stickstoffhaltigen Hefennahrung und demzufolge einer Aushungerung und dadurch bedingten Abschwächung der Hefe, resp. Hefenwirkung, ohne dass deshalb die Hefenerzeugung eine dieser Wirkung proportional geringere zu sein braucht.

Schwefelsaure Thonerde als Ersatzmittel der Salicylsäure.

Immerhin treten aber die Benzoësäure und Salicylsäure in allen bis jetzt angestellten Versuchen weniger als Vernichter, sondern vielmehr als Verzögerer der Gährung auf. Und dieser Umstand, welcher sich bei der Benzoësäure und Zimmtsäure am Meisten geltend macht, lässt doch den Gedanken gerechtfertigt erscheinen, dass eine solche partielle Wirkung schliesslich auch durch andere, vielleicht billigere und bequemere Mittel erzielt werden kann. In der That bot sich in der schwefelsauren Thonerde ein Mittel, welches in Betreff der Gleichmässigkeit und Intensität seiner Wirkung wenigstens der Salicylsäure gegenüber Nichts zu wünschen übrig lässt.

	Den 27. April Vorm.				Den 28. April Nachm.		Den 29. April Nachm.	
	Würze	Hefe	Wasser	Wasserfreie schwefelsaure Thonerde	Spec. Gew. = Extr.	Vergährung	Spec. Gew. = Extr.	Ver-gährung
1	50 Cubicc.	10 Cubicc. = 0,089 Gr.	50 Cubicc.	—	1,0401 = 9,925 %	4,025 % Extract	1,0236 = 5,900 %	
2	„	„	40 „	0,020 Grm.	1,0360 = 8,925 „	2,828 „	1,0244 = 6,097 „	
3	„	„	20 „	0,040 „	1,0405 = 10,023 „	2,219 „	1,0314 = 7,804 „	
4	„	„	—	0,080 „	1,0421 = 10,404 „	1,576 „	1,0356 = 8,828 „	

	Den 29. April Nachm.		Den 30. April Nachm.		Den 2. Mai Vorm.		Den 4. Mai Vorm.	
	Spec. Gew. = Extr.	Ver-gährung	Spec. Gew. = Extr.	Ver-gährung	Spec. Gew. = Extr.	Ver-gährung	Spec. Gew. = Extr.	Ver-gährung
1	1,0327 = 3,175 %	6,750 %	1,0096 = 2,400 %	7,525 %	1,0091 = 2,275 %	6,650 %	1,0088 = 2,200 %	6,725 %
2	1,0144 = 3,600 „	5,335 „	1,0106 = 2,650 „	6,275 „	1,0132 = 3,300 „	6,723 „	1,0120 = 3,000 „	7,023 „
3	1,0216 = 5,400 „	4,623 „	1,0156 = 3,900 „	5,650 „				
4	1,0284 = 7,073 „	3,331 „	1,0226 = 5,650 „	4,745 „	1,0166 = 4,150 „	6,254 „	1,0133 = 3,325 „	7,079 „

Vergleicht man in der vorliegenden Tabelle die Vergährungswerthe der Würzen mit und ohne Zusatz von schwefelsaurer Thonerde, so ergibt sich, wie die Anwesenheit der Letzteren die Gährung
derartig verlangsamte, dass dieselbe, ohne noch zum völligen Abschluss zu kommen, um 4 Tage verzögert wurde und schliesslich, wie
diess bei der Salicylsäure haltigen Würze beobachtet, mit der reinen
Würze ziemlich gleichen Vergährungsgrad einhält.

Es ist dieses Resultat darum von grossem Interesse, weil es
gleichzeitig, nur in anderer Richtung, bestätigt, was Prof. Dr. Zürn
über die Wirkungsweise der essigsauren Thonerde, gegenüber dem
der Salicylsäure mikroskopisch bewiesen hat. *Die Salicylsäure wird
sich daher nicht allein durch Benzoësäure, sondern auch durch Alaun
und Alaunlösungen geeigneten Falles vertreten lassen.* Ihre antiseptischen Wirkungen stehen, wie auch andere Versuche noch bestätigen
werden, hinter denen des Alauns zurück.

Wenn daher Kolbe die Salicylsäure da empfiehlt, wo man bis
jetzt Alaun mit Vortheil angewendet hat, z. B. als Streupulver für
schwitzende Füsse, so kann man gegenüber den hiesigen und Zürn'-
schen Versuchsresultaten mit eben so grosser Sicherheit behaupten,
dass 1 Kilo beste schwefelsaure Thonerde oder $2^3/4$ Kilo Alaun in
Preise von höchstens 8 Mark denselben Erfolg haben, als 1 Kilo
Salicylsäure im Preise von 30 Mark. —

Nachdem durch das bisher Mitgetheilte und durch die dem
Texte zu Grunde liegenden Versuchsreihen, sammt den darin ver-
tretenen 92 Gährungsversuchen, die im Anfang gestellte Frage:

„In welches Verhältniss stellt sich die Benzoësäure gegenüber den Wirkungen der Salicylsäure oder Carbolsäure als
Gährung vernichtendes oder verzögerndes Mittel?“

entsprechend ventilirt ist, kann als Antwort Folgendes gelten:

Die Benzoësäure wirkt im Gährungsprocess als Conservirungsmittel der gelösten Proteïnstoffe so, dass, je nach der Menge der
Letzteren gegenüber der angewendeten Benzoësäure, eine nur theil-
weise Umbildung des Zuckers in Alcohol- und Kohlensäure statt-

findet, die aber unter Umständen bis zum völligen Erlöschen der Gährungserscheinungen sinken kann. Weder Carbolsäure, noch Salicylsäure theilen diese Wirkung in gleichem Grade und die bis jetzt vorliegenden Versuchsresultate berechtigen dazu, der Benzoësäure wenigstens einen eben so hohen Wirkungswerth im Gährungsprocess, gegenüber den genannten beiden Verbindungen, beizumessen.

Ebenso wie die Benzoësäure kann Alaun, oder die in denselben enthaltene schwefelsaure Thonerde in gewissen Fällen an Stelle der Salicylsäure treten, wenigstens stehen die antiseptischen Wirkungen der Thonerdesalze denen der Salicylsäure gar nicht nach.

Conservirungsversuche mit Benzoësäure, Carbolsäure und Salicylsäure.

Für die Beantwortung der dritten Frage:

Ist Benzoësäure, wie Salicylsäure, als Conservirungsmittel leicht faulender oder leicht sich zersetzender Nahrungsmittel zu verwerthen? sind zwar zur Zeit nur wenige Belege vorhanden, doch sind dieselben so schlagender Natur, dass sie einen Vergleich beider Säuren, zur theilweisen Erledigung der vorstehenden Frage, gestatten.

Schon im Voraus lassen sich aus den überraschend günstigen Werthen, welche für die Benzoësäure in den angestellten Gährungsversuchen hervortreten, ebenso günstige Erwartungen für die conservirenden Eigenschaften derselben hegen. Letztere sind aber um Vieles übertroffen worden und die folgenden Resultate berechtigen zu dem Ausspruch, *dass weder Carbolsäure noch Salicylsäure in ihren antiseptischen Wirkungen unter Umständen denen der Benzoësäure gleichkommen.*

Schon Müller in Breslau kommt bei seinen oben citirten Versuchen zu dem Schluss, dass die Salicylsäure den in der Luft enthaltenen Keimen, zur Aufnahme und Entwicklung derselben einen geringeren Widerstand leistet, als dies die Carbolsäure thut.

Folgende Versuche werden Dasselbe der Benzoësäure gegenüber bestätigen resp. vervollständigen.

Fügt man zu frischer Milch Lösungen von Benzoësäure oder Salicylsäure, so findet bei gewöhnlicher Zimmertemperatur keine Veränderung statt. Erwärmt man aber die Flüssigkeit, so tritt je nach den zugesetzten Quantitäten der genannten Säuren eine Coagulation des Caseïns und Molkenbildung ein. Führt man diesen Versuch mit abgemessenen Quantitäten der kochenden Säurelösungen (1 : 50) so aus, dass man die Letzteren zu der auf 80^0 Cels. erwärmten Milch lässt, so beobachtet man, dass

100 Cubiccent. Milch $= 0{,}300$ Gramm Salicylsäure,
100   „   „ $= 0{,}175$ „   Benzoësäure

zur Molkenbildung beanspruchen. Die dargestellten Molken klären sich langsam und besitzen, zumal die mit Salicylsäure dargestellten, einen sehr süssen Geschmack.

Am 6. April wurden nach dem obigen Verhältniss zwei Gläser mit Salicylsäuremolken und zwei dergleichen mit Benzoësäuremolken gefüllt in einen Raum übergeführt, in welchem bereits in offenen Gefässen schimmelnde Flüssigkeiten reservirt waren. Die Bechergläser blieben unbedeckt. Am 12. April (also sechs Tage nach Anstellung des Versuches) zeigten sich auf den Salicylsäuremolken die ersten Schimmelpilze, welche nun mit grosser Schnelligkeit sich über die ganze Flüssigkeit verbreiteten und bis heute noch darauf fortwuchern. In den daneben stehenden Benzoësäuremolken sind bis heute, den 6. Mai, noch keine Schimmelpilze wahrzunehmen. Hierbei sind die Flüssigkeiten in den Glasgefässen bis auf die Hälfte ihres Volumens verdunstet, aber trotzdem hat in keiner derselben eine Zersetzung des Milchzuckers und ein Sauerwerden der Molken stattgefunden.

Während somit die Salicylsäure nur die Milchsäurebildung verhindert, wirkt die Benzoësäure ausserdem noch der Schimmelbildung in der Milch entgegen.

5*

Ob und wie weit Alaunmolken die Eigenschaften der Salicyl-säure-, oder die der Benzoësäure-Molken zu theilen vermögen, dar-über werden spätere Versuche entscheiden. Die obigen Gährungs-versuche deuten darauf hin, dass Alaun der Salicylsäure nicht nach-stehen dürfte.

Im Anschluss an die Versuche über Molkenbildung wurde ein Pfund feingeschnittenes, frisches Rindfleisch mit Wasser angerührt und ausgepresst, die Fleisch-Flüssigkeit filtrirt und das Filtrat zu je 50 Cubiccentimeter mit dem gleichen Volumen einer Lösung von

Benzoësäure = 0,100 Gramm
Carbolsäure = 0,100   „
Salicylsäure = 0,100   „

versetzt und neben einen mit dem gleichen Volumen Wasser ver-dünnten Fleischsaft in denselben Raume gestellt, in welchen sich die Molkenversuche befanden. Das Fleischwasser an sich entwickelte schon nach 4 Tagen deutlichen Fäulnissgeruch und nach 6 Tagen deutlich Ammoniak und wurde dann beseitigt. *Die mit Salicylsäure versetzte Flüssigkeit begann am 6. Tage zu schimmeln und verlor unter dieser Schimmeldecke am 21. Tage auch ihre saure Reaction, so dass sie schon nach 4 Wochen in voller Fäulniss sich befand. Die mit Benzoësäure und Carbolsäure versetzten Fleischflüssigkeiten sind bis heute am ,60. Tage des Versuches noch völlig unverändert, ohne jede Spur von Schimmelbildung und von stark saurer Reaction, wie der ursprüngliche Fleischsaft.*

Dieser Versuch beweist auf das Entschiedenste

1) *Dass Salicylsäure weder als fäulnisswidriges Mittel noch gegen die Schimmelbildung für Albumin haltige Flüssigkeiten verwerthbar ist.*

2) Dass Benzoësäure und Carbolsäure eine leicht zersetzbare Fleischflüssigkeit *wenigstens einen Monat hindurch* vollkommen un-verändert erhalten *und in Folge dessen die Salicylsäure, welche diess nicht vermag, völlig entbehrlich machen.*

Anmerk. Eine soeben von Professor Salkowsky in Berlin erschienene Abhandlung über diesen Gegenstand (Berliner Klinische Wochenschrift, Nr. 22) bestätigt die hier gewonnenen Resultate auf das Vollständigste.

Für pathologische Zwecke hat man mit grosser Vorliebe die Haltbarkeit des Harns als Massstab für den Werth eines Desinfectionsmittels hingestellt.

Versuche von Dr. Birch-Hirschfeld.

Um in dieser Richtung nicht allein in meinem Urtheil zu bleiben, sondern um die hier einschlagenden Versuche von einem Arzte als Fachautorität controlirt zu wissen, wendete ich mich an Herrn Dr. Birch-Hirschfeld, Prosector am hiesigen Stadtkrankenhause, machte Diesen rechtzeitig mit den Resultaten meiner Gährungsversuche bekannt und bat ihn, vergleichende Versuche mit Benzoësäure, Carbolsäure und Salicylsäure anzustellen.

Mit anerkennenswerther Bereitwilligkeit unterzog sich Herr Dr. Birch-Hirschfeld dieser mühvollen Arbeit und theilte mir seine Resultate in folgendem Briefe mit, dessen genaue Abschrift ich hier folgen lasse.

Dresden, den 30. April 1875.

Da Sie bis Ende dieses Monats Nachricht wünschten über einige auf Ihre Anregung von mir ausgeführten Versuche in Betreff der antiseptischen Wirkung der Benzoësäure, theile ich Ihnen das Folgende mit, obwohl es auf der Hand liegt, dass diese Versuchsreihe noch viel zu beschränkt ist, als dass man gesicherte Schlüsse daraus ziehen könnte. Immerhin hoffe ich, es wird das hier Mitgetheilte in Verbindung gebracht mit Ihren eigenen Erfahrungen, von einigem Interesse für Sie sein.

Zunächst habe ich einige Versuche gemacht, um festzustellen, ob die Benzoësäure eine stärkere irritirende Wirkung auf die lebenden Gewebe äussere als etwa die Salicyl- und Carbolsäure. Hierbei hat sich herausgestellt, *dass subcutane Injection von 2—4 Gramm Ben-zoësäurelösung* (1 : 300) *keinerlei entzündliche Reaction hervorrufen, ja sogar die Injection von 1 Gramm dieser Lösung direct in das Peritonäum hat keine Peritonitis erzeugt*, ebensogut wurde ertragen die gleichartige Verwendung von Salicylsäurelösung (1 : 300), ja selbst von Carbolsäurelösung (1 : 100).

Ferner habe ich eine Parallelreihe von Desinfectionsversuchen angestellt und zwar in Bezug auf die Urinzersetzung. Von dem einen Tag alten Urin einer an chronischer Nierenentzündung lei-denden Patientin wurden gleiche Mengen Urins (30 Gramm) in leicht bedeckten Champagnergläsern stehen gelassen und nach Zusatz der erwähnten Säuren von Tag zu Tag untersucht, zum Vergleich blieb Urin ohne Zusatz unter gleichen Verhältnissen stehen.

Der Urin enthielt *vor diesen Versuchen* spärliche bewegte, kleinste Bacterien (B. termo), keine Hefezellen. Er reagirte schwach sauer, lieferte einen ziemlich starken Bodensatz von Cylinder-Epithelien und harnsaurem Natron, blieb aber über demselben klar.

Die *I. Probe.* (30 Gramm Urin mit Zusatz von 10 Gramm
Acid. benzoic. 1 : 300)

am 20./IV aufgestellt.

den 21./IV keine nachweisbare Vermehrung der Bacterien.

den 22./IV   dto.

den 23./IV die obere Flüssigkeitsschicht etwas trüber, ziemlich
reichliche sich lebhaft bewegende Bacterien (aus-
schlüsslich B. termo).

den 25./IV beginnende Coloniebildung in der Flüssigkeit.

den 26./IV sehr starke Entwicklung reichlicher lebhaft be-
wegter Bacterien (keine Hefezellen) (Reaction sauer).

den 26. IV. *wurde abermals 10 Gramm der erwähnten Lösung
zugesetzt.*

den 27./IV die Bacterien seit gestern nicht vermehrt, weniger
beweglich.

den 28./IV Bewegung wiedergekehrt, vermehrte Wucherung, starke Trübung, deutliche Bacterienhaut an der Oberfläche.

den 26./IV (vor erneutem Zusatz von Ac. benz.) wurde 1 Gr. dieses Urins einem Kaninchen in das rechte Ohr subcutan injicirt, während in das linke Ohr 1 Gr. des ohne Zusatz stehengelassenen Urins eingespritzt wurde.

den 27./IV An beiden Ohren Infiltration in der Umgebung der Injectionsstelle, links etwas stärker, das Thier fiebert leicht.

den 28./IV Schwellung hat rechts wenig, links etwas mehr zugenommen.

den 30./IV ist an beiden Ohren die Schwellung im Rückgang.

den 27./IV wurde von derselben I. Probe einem Kaninchen 1 Gramm subcutan unter die Rückenhaut injicirt. Vorübergehende Fiebersteigerung, circumscripte Entzündung an der Injectionsstelle.

Die *II. Probe* (30 Gramm Urin mit Zusatz von 10 Gramm Acid. Salicylic. 1:300)

20./IV aufgestellt.

den 21./IV deutliche Vermehrung der Bacterien, lebhafte Bewegung derselben.

den 22./IV fortschreitende Vermehrung, beginnende Coloniebildung, Bildung eines Häutchens an der Oberfläche.

den 23./IV stärkere Trübung der oberen Flüssigkeit. Sehr schöne Zoogloeaform v. B. termo, keine Hefeformen (Reaction sauer).

den 25./IV Trübung stärker.

den 26./IV die Entwicklung der Bacterien ist kaum geringer als in dem ohne Zusatz gebliebenen Urin.

den 26./IV abermaliger Zusatz von 10 Gramm der erwähnten
    Salicylsäurelösung.

den 27./IV Zahl der Bacterien wie früher, etwas weniger leb-
    hafte Bewegung.

den 28./IV verhält sich wie am 26./IV.

Am 26./IV (vor dem Zusatz neuer Lösung) Injection von 1 Gr.
in das rechte Ohr eines Kaninchens, zugleich Injection von 1 Gr.
Urins ohne Zusatz in das linke. An beiden Ohren entstand gleichmässige Entzündung, welche übrigens jetzt (30./IV) beiderseits im
Abnehmen begriffen ist. Injection unter die Rückenhaut (27./IV)
bewirkte vorübergehendes Fieber, bis jetzt etwa thalergrosse Infiltration der Injectionsstelle.

Die *III. Probe.* (30 Gramm Urin mit 10 Gramm Sol. acid. car-
    bolic. 1 : 100).

den 20./IV aufgesetzt.

den 21./IV keine Bacterien nachweisbar.

den 22./IV wie gestern.

den 23./IV einige punktförmige Bacterien. Die obere Flüssig-
    keit vollkommen klar.

den 25./IV zerstreute kurze Stäbchen, wenig beweglich, Flüs-
    sigkeit klar.

den 30./IV war noch keine Bacteriendecke entstanden, die
    Flüssigkeit klar, Geruch nach Carbolsäure.

(NB. ein erneuter Zusatz von Carbolsäure hat hier nicht stattgefunden).

Injection (26./IV) in das rechte Ohr eines Kaninchens erzeugte
keine Infiltration, während am linken Ohr, wo Urin ohne Zusatz
eingespritzt wurde, ziemlich starke Infiltration erfolgte.

Bei subcutaner Injection (27./IV) von 1 Gramm unter die
Rückenhaut kein Fieber, erbsengrosse Knoten an der Injectionsstelle.

Die *IV. Probe* war Urin ohne Zusatz:
den 20./IV aufgestellt. Schon am 23./IV Pilzdecke. Starke
Trübung durch reichliche entwickelte lebhaft bewegte Stäbchenbac-
terien. Vereinzelte Hefepilze. Den 25./IV alkalische Reaction.

Trotzdem erwies sich dieser Urin nicht sehr injectiös, bei der
subcut. Injection (26./IV) in das Kaninchenohr entstand entzündliche
Infiltration, welche bald in Zertheilung überging.

Bei subcut. Injection unter die Rückenhaut (1 Gramm) entstand
am selben Tage hohe Fiebersteigerung, etwa thalergrosse Infiltration
an der Injectionsstelle (30./IV).

Sie sehen, dass diese Versuche keineswegs abgeschlossen sind,
ich werde weitere machen und Ihnen, wenn Sie es wünschen, später
darüber Mittheilung machen.

*Jedenfalls scheint daraus hervorzugehen, dass der Zusatz von
Benzoësäure in der erwähnten Menge die Entwicklung von Bacterien
im Urin etwas mehr hemmt als die Salicylsäure,* dass jedoch beide
Flüssigkeiten nicht so energisch wirken wie die Carbolsäure, *freilich
ist dabei zu beachten, dass von letzterer von vornherein eine concen-
trirtere Lösung angewendet wurde.*

In 3 Fällen habe ich Wunden mit Benzoësäurelösung (1 : 400)
verbinden lassen. In einem Fall handelte es sich um ein unreines
Beingeschwür, welches sich nach Anwendung der Benzoësäure ziemlich rasch reinigte, in einem zweiten Fall um Quetschung zweier
Finger mit Fractur des kleinen Fingers, die Wunde ist mit geringer
Eiterung geheilt; als dritter Fall endlich lag eine tiefe 10 Centim.
lange scharfe Schnittwunde des Daumenballens vor, welche ge-
näht mit Compressen, welche mit der erwähnten Lösung getränkt,
verbunden wurde, dieselbe heilte per primam intentionem. Diese
wenigen Erfahrugen reichen keineswegs aus, um die Benzoësäure
mit der Wirkung anderer Mittel zu vergleichen, möglicher Weise
wären diese Wunden ebensogut geheilt ohne Anwendung irgendwel-
cher antiseptischen Wundbehandlung.

Was sie beweisen ist nur Dieses: „*dass die Benzoësäure in der erwähnten Lösung keine reizende und die Wundheilung störende Wirkung hat, nur deshalb führe ich diese Erfahrungen an.*"

In der Hoffnung, dass das Obige von einigem Interesse für Sie ist

zeichnet hochachtungsvoll

ergebenst

Dr. Birch-Hirschfeld.

In diesen von Dr. Birch-Hirschfeld gegebenen Mittheilungen tritt es unzweifelhaft zu Tage, *dass Benzoësäure in allen Fällen, in welchen Salicylsäure zur Anwendung gelangt, wenigstens in ganz gleichem Grade substituirend eintreten und wirken kann.* Der Umstand indess, dass bei den vorstehenden Versuchen Carbolsäurelösung von grösserer Concentration zur Anwendung gelangte, macht einen Vergleich zwischen dieser und der Benzoësäure oder Salicylsäure schwer möglich. Deshalb wurde in der chemischen Centralstelle zur Beurtheilung deren conservirender Wirkung auf normalen Harn, je 25 Cubiccentimeter von Letzterem mit gleicher Menge Wasser, Carbolsäurelösung, Benzoësäurelösung, Salicylsäurelösung, Tanninlösung, Thonerdesulfatlösung von gleicher Concentration in offenen Gefässen sich selbst überlassen und die Veränderungen des im frischen Zustande sauer reagirenden Harnes mit vollständig neutralem Lackmuspapier controlirt. Das Resultat dieser Untersuchungen ergibt sich nun aus folgender Tabelle:

	25 C.-C. Harn + 10 C.-C. Wasser	10 Cubiccent. = 0,020 Grm. Carbolsäure	10 Cubiccent. = 0,020 Grm. Salicylsäure	10 Cubiccent. = 0,020 Grm. Benzoësäure	10 Cubiccent. = 0,020 Grm. Tannin	10 Cubiccent. 0,020 Grm. schwefelsaure Thonerde
Den 27. April	klar und sauer	klar u. sauer	klar u. sauer	klar u. sauer	durch einen Niederschlag getrübt u. sauer	durch einen Niederschlag getrübt u. sauer
29. „	trübe und sauer	„ „	„ „	„ „	„	„
30. „	trübe und neutral	„ „	„ „	„ „	„	„
1. Mai	„ „	trübe u. sauer	trübe u. sauer	„ „	„	„
2. „	„ „	„ „	„ „	„ „	„	„
4. „	trübe und alkalisch	„ neutr.	„ „	„ „	„	„
6. „	„ „	„ alkal.	„ „	„ „	„	„
7. „	„ „	„ „	„ „neutral (Schimmelbildg.)	„ „	„	„
9. „	„ „	„ „	„ „	trübe,alkalisch trübe,neutral	„	„ (Schimmelbildg.)
10. „	„ „	„ „	„ „	„ „	„	„
11. „	„ „	„ „	„ „	„ „	„ alkalisch m.Schimmelbildg.	„ „

Die Wirkung des Harnfermentes äussert sich in der Spaltung des Harnstoffs in Ammoniak und Kohlensäure zu kohlensaurem Ammoniak und kennzeichnet sich durch den Uebergang des Harns aus der Acidität zur Alkalinität. Das Eintreten dieser Erscheinung ist ein um so früheres, je ungehinderter und freier das Harnferment zur Wirkung gelangen kann. Beeinträchtigend auf letztere wirken sowohl organische, wie Mineralsäuren und Metall-Verbindungen derselben, und hieraus ergibt sich, wie vorstehende Tabelle anzeigt, dass der

mit Wasser   verdünnte Harn am siebenten Tage,
mit Carbolsäurelösung   „   „   „ am achten Tage,
mit Salicylsäurelösung   „   „   „ zwölften Tage,
mit Benzoësäurelösung   „   „   „ vierzehnten Tage

alkalisch reagirte, also den Beginn der Fermentwirkung anzeigte, während die mit Tannin- und Thonerdesulfatlösung versetzten Harnproben keine Veränderung erfuhren, als diejenige, welche durch die chemische Wirkung dieser Reagentien auf die ursprünglichen Bestandtheile des Harns im Anfang der Versuche hervorgerufen wurde.

.Nach diesen Thatsachen ordnen sich die hier angewendeten Desinfectionsmittel in abnehmender Wirkungsweise:

schwefelsaure Thonerde,

Tannin,

Benzoësäure,

Salicylsäure,

Carbolsäure

und hieraus ergiebt sich, dass Alaun als Harnconservirungsmittel alle andern hier angewendeten übertraf, und dass Carbolsäure hierbei am Schwächsten wirkte.

Wollte man diese Erscheinungen auf die desinficirende Wirkung der genannten Stoffe im Allgemeinen übertragen, so würden Thonerdesulfat und Tannin über die anderen zu stellen sein. Aber hiergegen spricht das Auftreten der Schimmelbildung; denn während der ursprüngliche Harn, sowie der mit Carbolsäure und mit Tannin versetzte Harn nicht schimmelt, tritt bei Salicylsäure am zehnten Tage,

bei schwefelsaurer Thonerde am zwölften Tage,

bei Benzoësäure am vierzehnten Tage

deutliche Schimmelbildung ein, woraus man andrerseits schliessen könnte, dass als Fäulniss oder gährungshemmende Mittel Carbolsäure und Tannin über den letztgenannten stünden, wenn man über das Wesen der Fäulniss sichere Aufschlüsse besässe.

In Betreff der Carbolsäure haben wir bereits Belege gegen die hefetödtende Wirkung aus den früheren Versuchen erlangt. In Betreff des Tannins entschied eine Versuchsreihe, welche darthut, dass das Tannin nicht im Geringsten gährunghemmend wirkt.

Den 27. April.			Den 28. April.			Den 30. April.		
	Spec. Gew.	Extract	Spec. Gew.	Extract	Ver-gäh-rung	Spec. Gew.	Extract	Ver-gäh-rung
CC. CC. Grm. CC.	Proc.		Proc.	Proc.		Proc.	Proc.	
50 Würze + 10 = 0,050 Hefe 50 Wass.	1,0401	9,925	1,0236	5,900	4,025	1,0096	2,400	7,525
„ „ „ „ „ 40 „ + 0,020 Gr. Tann.	1,0356	8,828	1,0164	4,100	4,728	1,0086	2,150	6,678
„ „ „ + „ „ 40 CC. + 0,080 Gr. Tannin	1,0396	9,804	1,0189	4,725	5,079	1,0091	2,275	7,529

Die vorstehende Tabelle zeigt, wie trotz eines sehr bedeutenden Tanninzusatzes (160 Gramm pro Hectoliter Würze) die Gährung nicht im Geringsten verzögert wird, mithin die Wirkungen des Letzteren nur in Betreff der Harnconservirung in den Vordergrund treten.

Alle hier und im Vorigen geschilderten Umstände beweisen zur Genüge, wie höchst gewagt es ist, von einem Universaldesinfections- und Conservirungsmittel zu sprechen, oder, auf einige qualitative Versuche hin, die vorzüglichen desodorisirenden, desinficirenden, antiseptischen, antimiasmatischen Wirkungen einer Substanz hervorzuheben und sie gegen Diphterie, Masern, Pocken, Cholera Typhus etc. etc. zu empfehlen. Es ist eine solche Empfehlung mit derjenigen eines Geheimmittels gegen alle Krankheiten völlig gleich zu stellen und ist in einer Zeit, in welcher die Wissenschaft Fäulnisserregern und Fäulnissvorgängen noch so wenig unterrichtet gegenüber steht, in einer Zeit, in welcher sogar über das Wesen der Gährung, als des bis jetzt am Meisten studirten Vorgangs ähnlicher Art, noch die wissenschaftliche Debatte im vollen Gange ist, als wenigstens inopportun zu betrachten.

Der Verfasser Dieses will daher auch seine Versuche qualitativer Natur, zu welchen die zur Beantwortung der dritten Frage angestellten zu zählen sind, *durchaus nicht als erschöpfende, nicht einmal als in jeder Weise maassgebende hingestellt wissen.*

Aber aus dén hier behandelten Gährungsversuchen lassen sich sehr wichtige Schlüsse ziehen, wie andrerseits aus den Birch-Hirschfeld'schen Versuchen wenigstens *die Berechtigung zur Aufmunterung für Anstellung und Fortsetzung von Versuchen in Anwendung der billig und bequem zu beschaffenden Benzoësäure für chirurgische Zwecke in Spitälern und Lazarethen zur Genüge hervorgeht.*

Aus Allem bisher Entwickelten lassen sich folgende

Schlussfolgerungen

ableiten:

I) Benzoësäure und Salicylsäure üben auf die Wirkungen des Emulsins dem Amygdalin gegenüber, wie auf diejenigen der Synaptase der Mironsäure gegenüber gleich hemmende, verzögernde, oder vernichtende Einflüsse aus.

II. Versuchsreihe I bis V liefern den sichern Beweis, *dass Benzoësäure Gährungserscheinungen in sehr hohem Grade beeinträchtigt,* während Carbolsäure und Salicylsäure unter Umständen sogar die Gährung beschleunigen können. Sehr characteristisch treten diese Thatsachen zumal in der IV. und V. Versuchsreihe zu Tage.

III. Aus Versuchsreihe IV ergibt sich, dass Zimmetsäure (Cinnamylsäure) in erhöhtem Grade gährungshemmend wirkt als Benzoësäure. Ihre Schwerlöslichkeit in Wasser (1 : 1250) steht aber ihrer

Verwendung entgegen. Da indess in vielen Benzoësorten diese Verbindung neben Benzoësäure mit auftritt, so ist zu constatiren, dass die Gegenwart von Zimmetsäure die Wirkungen der Benzoësäure eher erhöht als vermindert.

IV. *Die gährunghemmende Wirkung der Benzoësäure, Carbolsäure und Salicylsäure ist von der Quantität der stickstoffhaltigen Hefennahrung abhängig;* mit Zunahme dieser in der Gährungsflüssigkeit vermindert sich der Wirkungswerth des gährungverhindernden Mittels (Versuchsreihe VI).

V. *Die zur Gährung verwendete Hefenmenge steht weder in einem bestimmten Verhältniss zur Vergährung, noch zur Wirkung der antiseptischen Mittel* (Versuchsreihe VII und IX). Deshalb ist zwar die Hefenvermehrung der Letzteren proportional, aber alle nach solchem Massstabe angestellten Versuche sind für die Beurtheilung der antiseptischen Wirkungen der Salicylsäure in ihren Resultaten ungenügend.

VI. *Benzoësäure, Carbolsäure und Salicylsäure sind keine Hefengifte.* Dieselben heben die gährungerregenden Eigenschaften der Hefe nicht auf, auch wenn sie mit der Hefe direct lange Zeit in Berührung bleiben. Wenigstens ist mit Benzoësäure-, Carbolsäure- oder Salicylsäure-Lösung behandelte Hefe im Stande, zumal bei hoher Gährtemperatur und hinreichender Hefennahrung, die Gährung ungeschwächt zu erregen und durchzuführen (Versuchsreihe VIII).

VIII. *Die Salicylsäure lässt sich nicht allein durch Benzoësäure, sondern in vielen Fällen auch durch schwefelsaure Thonerde oder Alaun ersetzen,* weil die gährunghemmenden wie fäulnisshemmenden Eigenschaften *der letzteren Verbindungen denen der Salicylsäure wenigstens gleichkommen.*

IX. *Leicht faulenden Flüssigkeiten z. B. dem Fleischsafte kann Salicylsäure nicht als Conservirungsmittel dienen,* weil sie dessen Fäulniss zwar zu verzögern, aber nicht aufzuhalten vermag. *Hieraus ergiebt sich von selbst die Unbrauchbarkeit der Salicylsäure als Fleischconservirungsmittel.*

X. *Die Nahrung der Schimmelpilze wird von keiner der ge-*
nannten Säuren vollständig consumirt. Weil aber der Schimmel,
wie es allen Anschein hat, sich von sehr vielen stickstoffhaltigen
Körpern gleichzeitig nährt, so ist der Fall denkbar, dass in einer
Flüssigkeit, in welcher mehrere solcher Schimmelnährstoffe, zugleich
auftreten, der eine oder andere bald von Benzoësäure, oder von
Carbolsäure oder von Salicylsäure absorbirt und den Pilzsporen ent-
zogen wird, ohne dass deswegen die Schimmelbildung aufgehoben
würde. Nur in den Fällen ist ein Ausbleiben der Letzteren denkbar, wo die Pilznahrung eine einseitige und diese von den angewendeten Desinfectionsmitteln vollständig beansprucht wird. Darauf
deuten wenigstens die hier angestellten Versuche mit Milch, Fleischsaft und Harn; aber die ausgesprochene Ansicht bedarf noch der
Bestätigung. *In jedem Falle aber ist die Salicylsäure nicht geeignet,*
in der Weintechnik oder Bierfabrication eine hervorragende Rolle zu
spielen, wo z. B. durch das Schwefeln oder durch Anwendung
schwefligsaurer Salze weit sicherer wirkende Desinfectionsmittel ge-
boten sind.

XI. Weil uns demnach über das Wesen der Desinfectionswirk-
ungen gewisser Stoffe noch jeder sichere Anhaltspunkt fehlt, *so ist*
auch die Empfehlung der Salicylsäure als eines Universal-Desinfec-
tionsmittels ungerechtfertigt.

XII. Finden derartige Empfehlungen statt, so sind dieselben
jederzeit, wenn ihnen nicht die Resultate wissenschaftlich durchge-
führter Versuche zur Seite stehen, wenigstens mit Vorsicht aufzu-
nehmen.

Diese Schlussfolgerungen erfahren auch durch die während des
Druckes dieser Broschüre erschienene II. Abhandlung von C. Neubauer „über Gährungsversuche mit Salicylsäure" keine Widerlegung.